掌心编织

世界传统花样的娃娃衣饰

日本文艺社／编著
半山上的主妇／译

中国纺织出版社有限公司

目录 Contents

A

A 阿兰花样毛衣

由阿兰花样中代表性的钻石
和绳索图案组成的毛衣。

设计 ✳ 小林由加

毛线 ✳ 芭贝（British Fine）

编织方法 ✳ p.36

✎ **阿兰群岛 ／ Aran**

阿兰花样发祥于爱尔兰的阿兰群岛（由因希莫尔尔
岛和因希埃尔岛三岛组成）。用阿兰花样编织的毛衣，是这
几个岛上女性织给在严寒中与海洋搏斗的父子们的。不同的
花样代表不同的意义，每个家族的花样组合方式也不一样。
本作品中使用的绳索图案代表安全，钻石图案则代表财富。

* 为了方便读者参考，全书的线材型号均保留英文

B 阿兰花样帽子

选用喜欢的线，
织出绳索花样的棒针毛线帽。

设计 ✻ 小林由加
毛线 ✻ 横田（iroiro）
编织方法 ✻ p.45

B

和左页的套头毛衣颜色不
一样。将前后片互换就变
成了开衫。

C 根西毛衣（根西衫）

用下针和上针就可以织出
花纹的简单毛衣。

设计 ✳ 风工房
毛线 ✳ 和麻纳卡（纯毛中细）
编织方法 ✳ p.38

> ✏ **根西岛 ╱ Guernsey**
>
> 以渔夫毛衣元祖著称的根西毛衣，发源于英吉利海峡南部的
> 海峡群岛之中的根西岛，是那一带海上渔夫们的装束。特征
> 是大多为深蓝色，胸片部分编织花样，腹部部分只作下针编
> 织，因此可以在较短的时间内完成。而且，如果在劳动中弄
> 脏或刮破毛衣，重新编织破损的部分也比较方便。

✕ 苏格兰 ／Scotland

D、E 菱形格纹毛衣和袜子

毛衣和袜子上的菱形格纹是通过纵向渡线编织而成的，
图案上的线条是绣上去的。
带脚后跟的袜子很适合娃娃的脚。

设计 ✳ 笠间绫
毛线 ✳ 芭贝（Kid Mohair Fine）
编织方法 ✳ p.34

编织方法 ✳ p.34

> ✏️ **阿盖尔 ／ Argyle**
>
> 苏格兰传统图案，来自于苏格兰阿盖尔地区的
> 坎贝尔家族，因此也被称为阿盖尔格纹。常用
> 于毛衣、开衫和袜子的编织，也是搭配苏格兰
> 传统男性服装（格纹短裙）时，袜子上必不可
> 少的图案。

F 费尔岛花样连衣裙

本作品的重点是钻石形的连续花样，
用下针编织出配色鲜艳的可爱毛衣。

设计 ✳ 风工房
毛线 ✳ 横田（iroiro）
编织方法 ✳ p.28

G 费尔岛花样毛衣

细致的平行条纹花样设计，
重点在于显眼的蓝色锯齿花样。

设计 ✳ 风工房
毛线 ✳ 横田（iroiro）
编织方法 ✳ **p.26**

费尔岛 / Fair isle

位于苏格兰东北部设得兰群岛之中的费尔岛，
是费尔岛毛衣的发源地。这种毛衣色彩丰富的
美丽提花，且每一行只使用两种不同颜色的毛
线。传统的费尔岛毛衣采用环形编织的方法，
大多是几何图案的花样。20 世纪 20 年代，英
国王子曾穿着费尔岛毛衣作为高尔夫球装亮
相，使得这种毛衣走向世界。

H 洛皮毛衣

可爱的圆育克领洛皮毛衣。
从领围向身片、从上向下进行编织。

设计 ✳ 菅野直美
毛线 ✳ 芭贝（New 3PLY）
编织方法 ✳ p.40

✎ 洛皮 / Ropi

洛皮毛衣是冰岛的传统毛衣。因冰岛的粗纺羊毛线叫作洛皮，使用这种毛线织成的毛衣便被称作洛皮毛衣。圆育克中的大块几何图案是其亮点。不但织片厚实，而且圆育克、身片和袖子均为环织，需要缝合的部分很少，是一种易穿易织的毛衣。

I、J 提花配色编织套装

将手套的提花花样用在毛衣上。
裙子下摆添加了传统装饰辫子。

设计 ✳ 齐藤理子
毛线 ✳ 横田（iroiro）
编织方法 ✳ p.42

I

J

L

K

K、L 宾根毛衣和围脖

以传统花样布耶尔布（Bjärbo）（蓟花图案）
为主的毛衣。
将围脖戴在娃娃身上也有披风的效果。

设计 ✳ 河合真弓

毛线 ✳ 横田（Superwash Merino）

编织方法 ✳ p.46

✏ 宾根／Binge

宾根毛衣是瑞典哈兰德地区的传统编织物，多采用红白蓝三色配色。古时候，饱受战乱贫困之苦的当地人将编织这种毛衣作为收入来源之一，因此广为流传。据说，宾根一词是从瑞典语"binda"（意为打结）演化而来的。代表性图案有：布耶尔布蓟花图案，野鸡图案和男孩女孩图案。

M 代尔斯布毛衣

在传统的红、黑、绿配色中加入了白色，
显得更轻盈。
把年份绣在毛衣上，更有纪念意义。

设计 ✳ 河合真弓
毛线 ✳ 横田（iroiro）
编织方法 ✳ p.48

✎ 代尔斯布 / Delsbo

代尔斯布位于瑞典耶夫勒堡省胡迪克斯瓦尔市，当
地特产的毛衣便被叫作代尔斯布毛衣。红、黑、绿
的传统配色，大块的爱心图案和毛衣的配色是它的
特色。胸前一般绣着姓名首字母或年份。衣长比较
短，也可和夹克衫搭配。

N 玫瑰图案披肩

本作品使用了哥得兰岛编织中的
代表图案——玫瑰来进行设计。
可以用作娃娃的披风或玛格丽特披肩。

设计 ✻ 杉山友
毛线 ✻ 横田（iroiro）
编织方法 ✻ p.31

> ✎ **哥得兰 / Gotland**
>
> 瑞典属哥得兰岛位于波罗的海，自古以
> 来就是商业贸易繁荣之地。岛上流传的
> 传统花样种类丰富，哥得兰毛衣凭借该
> 岛优异的地理位置而拥有悠久的出口历
> 史。哥得兰岛也被称作玫瑰岛，提花配
> 色编织的玫瑰图案也很有名。波罗的海
> 诸国的编织物有一个共同的特点，那就
> 是很多图案源自自然界。

O 布胡斯开衫

用马海毛编织的毛衣质地蓬松。
上下针交替花样形成圆育克，
表现出细微的凹凸感。

设计 ✳ 菅野直美
毛线 ✳ 芭贝（Kid Mohair Fine）
编织方法 ✳ p.32

✐ 布胡斯 / Bohus

瑞典布胡斯地区的编织，提花花样不仅多色渐层，还在多处加入上针，使织物有凹凸感。选用纤维较长的安哥拉羊毛，制作出的女性风格圆育克毛衣，是布胡斯编织的魅力所在。上下针交替织出凹凸感的编织手法，是 20 世纪 30 年代大萧条时期，需要养家糊口的女性们发展出的地区产业。之后因为机械化生产的冲击，布胡斯编织几乎消失了 30 年之久，如今重新受到广大编织爱好者的欢迎。

P 赛特斯达尔开衫

因为开衫整体没有加减针的设计，
所以即使是细密的图案，
编织起来也很容易。
在胸前的刺绣装饰带增加了整体的亮度。

设计 ✻ 齐藤理子
毛线 ✻ 芭贝（British Fine）
编织方法 ✻ p.50

> ✐ **赛特斯达尔 / Setesdal**
>
> 这是挪威南部赛特斯达尔地区的传统毛衣。原本是民族服装中的男士毛衣，特点是肩膀上的"✕"花样和身片上白色小点排列组成的虫形花样。在前身片和袖口缝上兼具装饰和加固效果的绣片，也是这种毛衣的特色。

Q 塞尔布开衫

前身片有35针、3个星星图案。
编织时要织得紧一些。

设计 ✳ 齐藤理子
毛线 ✳ 芭贝（British Fine)
编织方法 ✳ p.52

编织方法 ✳ p.52

> ✏️ **塞尔布 / Selbu**
>
> 这是挪威北部塞尔布湖畔的传统毛衣。八瓣玫瑰般的星星图案和钻石图案的组合是塞尔布毛衣的经典花样。黑白相间的图案配色，搭配天然素材毛线，呈现出硬朗中性的风格。这种设计在当地通常用于男士传统服装。

R 考伊琴毛衣外套

青果领前开襟外套。
胸前点缀雪花图案。

设计 ✳ 冈本真希子
毛线 ✳ 芭贝（British Fine）
编织方法 ✳ p.54

背后是雷鸟图案。传说
中雷鸟是雷神的使者。

🖉 考伊琴 / Cowichan

考伊琴毛衣是加拿大原住民中考伊琴
族的传统毛衣。传统的考伊琴族毛衣
使用含油份的粗毛线编织而成，具有
优良的防水和御寒效果。在编织设计
上，采用羊毛天然的颜色，花样以具
有狩猎民族风格的自然、动物和神话
生物图案为主。一般为套头毛衣，也
有拉链开衫。

S 考伊琴毛背心

波浪般的连续花样毛背心。
编织技巧来源于欧洲，
编织花样则受到了费尔岛花样的影响。

设计 ✳ 冈本真希子
毛线 ✳ 芭贝（British Fine）
编织方法 ✳ p.56

北欧 / Norden

T 驯鹿图案长套衫

前后身片的形状相同，
在腹部增加了口袋的设计。

设计 ✳ 笠间绫
毛线 ✳ 芭贝（British Fine）
编织方法 ✳ p.58

✎ **北欧编织 / Nordic knit**

北欧地区不仅有传统编织，还有当地的特
色图案和斯堪的纳维亚编织中常被介绍的
花样，例如驯鹿、雪花和雪松，以及圣诞
主题花样。近年来有很多新的花样，设计
也很可爱。

U 三角连指手套

纯白色的连指手套，配上3股线编成的系绳。
给娃娃戴上的时候，大拇指也可以套进去。

设计 ＊ 小林由加
毛线 ＊ 芭贝（New 2PLY）
编织方法 ＊ p.45

🖉 北欧连指手套 / Nordic mittens

在北欧各地，都可以见到指尖为三角形的连指手套。
有的使用了提花编织，有的加了刺绣，还有的装饰
着流苏、加了系绳。

V 萨米族披风

按照从身片向领口、从下往上的顺序，
一边减针一边编织。

设计 ＊ 笠间绫
毛线 ＊ 芭贝（British Fine）
编织方法 ＊ p.60

🖉 萨米 / Sami

萨米族，是斯堪的纳维亚半岛北部的酷寒之地——拉
普兰地区的原住民。其民族服装以红色和蓝色为基
调，他们的编织物也是同样的风格。在此基础上加入
黄色和绿色，构成了萨米族的标志性色彩。

⚔ 苏格兰 / Scotland

W 设得兰蕾丝披肩

一边使用起伏针织中心的方形，
一边编织镂空花样的边缘。

设计 ✳ 风工房
毛线 ✳ 芭贝（New 3PLY）
编织方法 ✳ p.62

✐ **设得兰蕾丝**
/ Shetland lace

源于苏格兰设得兰群岛的棒针蕾丝。
虽然纤细的镂空花样看起来很复杂，
但基本上是由下针、上针、镂空针、
2针并1针（3针并1针）这几种
针法组合织成的。

X 护耳毛线帽

织好主体以后再织护耳部分。
选用流行色进行配色，
显得非常可爱。

设计 ✳ 杉山友
毛线 ✳ 横田（iroiro）
编织方法 ✳ p.61

✐ **护耳毛线帽 / Chullo**

"Chullo"是秘鲁安第斯地区的男士三
角毛线帽，带有护耳。丰富多彩的配
色和流苏装饰是它的特点。

▮ 秘鲁 / Peru

开始编织前

需要准备的工具

记号扣

一般用来标记行数和针数，也可以用在交叉编织和领口作停针的位置，防止针脚散开。
标记行数记号扣单品（爱心形）/郁金香（Tulip）

棒针

编织娃娃尺寸的织物，需要使用细的短针。本书中除了0、1、2号棒针以外，还使用了更细的串珠编织针（直径1.3mm）。往返编织需要2根针，环形编织需要4根针。
左图：串珠编织针（短）直径1.3mm，2根/郁金香（Tulip）

钩针、蕾丝钩针

钉缝肩膀和钩纽扣绳的时候使用。根据线材选择合适的针号。
右图：ETIMO Rose带手柄蕾丝钩针
左图：ETIMO Rose带手柄钩针/郁金香（Tulip）

毛线缝针

用于藏线头和缝合部件等。
毛线缝针（2根装或3根装）/郁金香（Tulip）

娃娃制作材料

迷你毛衣需要用的小纽扣可以在大型手工店的娃娃制作材料处找到。可以使用串珠代替纽扣，也十分可爱。

本书作品使用的毛线

New 2PLY
100%全羊毛的极细线。适用棒针针号0~2号。每团25g/芭贝

New 3PLY
100%全羊毛的合细线。适用棒针针号1~3号。每团40g/芭贝

Kid Mohair Fine
79%马海毛，21%尼龙的极细线。适用棒针针号1~3号。每团25g/芭贝

British Fine
100%全羊毛的中细线。适用棒针针号3~5号。每团25g/芭贝

iroiro
100%全羊毛的中细线。适用棒针针号3~4号。每团20g/横田

Superwash Merino
100%全羊毛的中细线。适用棒针针号2~3号。每团50g/横田

纯毛中细
100%全羊毛的中细线。适用棒针针号3号。每团40g/和麻纳卡

关于娃娃和织片

本书作品是参照6分娃娃（20~30cm）中的身高约22cm的娃娃的尺寸制作的。但是，娃娃的身体大小和身高不能作为唯一尺寸标准，在编织过程中，必须一边给娃娃试穿，一边调整织片的尺寸。

● 编织注意事项
编织提花花样时，反面渡线的松紧度对织片的大小有影响。在编织过程中请一边给娃娃试穿，一边调整大小。织片太小的话，请将线放得松一些，或者换用大一号的棒针，反之亦然。

● 穿着注意事项
提花花样毛衣的反面有横向渡线，因此在套袖子的时候，请注意不要让指尖勾到渡线，将整只手掌用绷带或胶带缠好后再穿毛衣比较保险。除此以外，领口开得比较小的作品是为可以取下头部的娃娃设计的。

作品中使用的娃娃

露露可 Ruruko
ruruko™ ©PetWORKs Co., Ltd.
诞生于2013年的时装娃娃。特点是关节可动和身体线条自然。身高22cm。

贝琪 Betsy
8英寸的人气模特娃娃，书中的贝琪娃娃为18年限定款式贝琪爱兔子（Betsy Loves Bunnies）。身高20cm。

重点教程

● 图案编织方法
（横向渡线的方法）

编织提花配色图案时，使用两种以上颜色的线，一边横向（或纵向）渡线一边进行编织。编织提花图案时，一般使用横向渡线的编织方法。

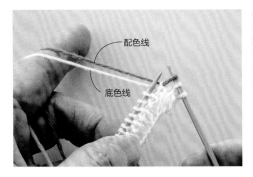

配色线
底色线

使用两种颜色的线进行编织时的位置。决定好底色线和配色线的位置，如图所示，在左手食指上挂2根线。在编织过程中保持线的上下位置不变，可以织得更顺利。

■ 压线方法　*用底色线织10针后换线/线的位置为配色线在上，底色线在下。

反面渡线较长的情况

横向渡线编织中，离下一次换色处超过7针时，在中途将未使用色的线压进去编织，可以避免反面的渡线下垂，让作品更美观。

1

用底色线（作为底色的线/白色）织4针后，将配色线（构成图案的线/绿色）压下，如箭头所示在针上挂底色线。

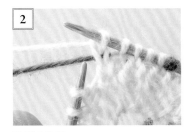

2

织1针底色线。

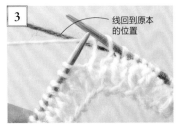

3

线回到原本的位置

配色线回到上方。

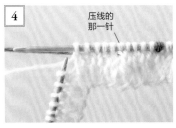

4

压线的那一针

用底色线继续织5针。

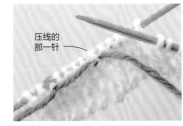

压线的那一针

翻至反面，可以看到第5针处压入了配色线。接下来用配色线编织时，绿色线可以美观地横向渡线。

■ 扣眼的制作方法　*编织完成后用蕾丝钩针（或普通钩针）制作线圈的方法。

1

将棒针编织好的织片的最后1针移到钩针上。

2

接着钩锁针。根据扣子的大小决定钩多长。

3

在织片的下几行钩引拔针并藏线。完成线圈。

● 肩部的缝合方法 　*使用蕾丝钩针（或普通钩针）引拔钉缝。为了便于说明，换用了其他颜色的线。

将棒针织片的正面相对对齐，从右侧开始，使用蕾丝钩针从内向外入针。

针头挂线，穿过全部2个线圈钩引拔针。

引拔后的状态。

在前后织片的下一针入针，将针脚移到蕾丝钩针上。针头挂线后钩引拔针。

引拔后的状态。

按所需针数，重复 4 的步骤。

● 拉脱维亚辫子的编织方法

作品 _p.11、制作方法 _p.42　*织在裙子下部的双色编织装饰带。对用下针环织第 1 圈的情况进行说明。

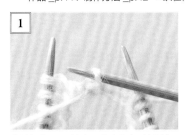

将编织线置于内侧，用白色线织1针上针。

换用红色线，织1针上针。

织下一针时，先在内侧将白色线压在红色线上方，再织上针。

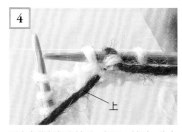

用白色线织好上针后。织下一针时，先在内侧将红色线压在白色线上方，再织上针。

用红色线织好上针后。

重复 3 、 4 的步骤，每1针换1次色，织完1圈。

制作方法

G 费尔岛花样毛衣 图片 ✱ p.9

毛线

横田 iroiro

灰色(49) 6g

海军蓝(14)、浅蓝色(20)、开心果绿(28)、

柠檬黄(31)、火烈鸟粉(39) 各1.5g

牛仔蓝(18)、樱桃粉(38) 各少量

针

串珠编织针 1.3mm 4根, 蕾丝钩针 0号

其他

纽扣(直径8mm) 2颗, 手缝线, 缝针

成品尺寸

参考图解

编织密度

平针编织的提花花样 49针×52行(10cm×10cm)

编织要点 ✱ 使用1股线编织

1 编织圆育克时，用手指挂线起43针，按花样编织领口，按提花花样编织圆育克。圆育克织好后休针。

2 在圆育克上挑针，编织前后身片，织11行提花花样。后背的开口处加1针，环形编织其余部分。下摆收针时一边交替织下针、上针，一边套收针。

3 环挑圆育克和前后身片的腋下加针(☆、★记号)，按提花花样环织袖子。边缘收针时一边交替织下针、上针，一边套收针。

4 后背开口处进行边缘编织图解编织，然后缝上纽扣。

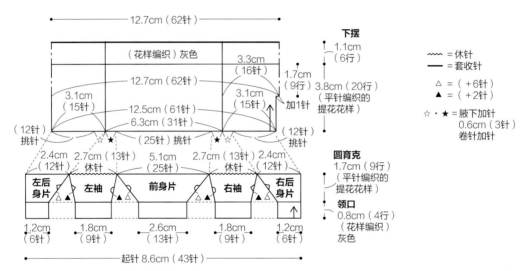

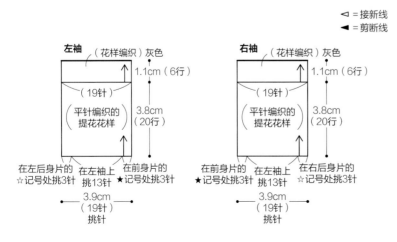

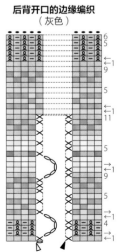

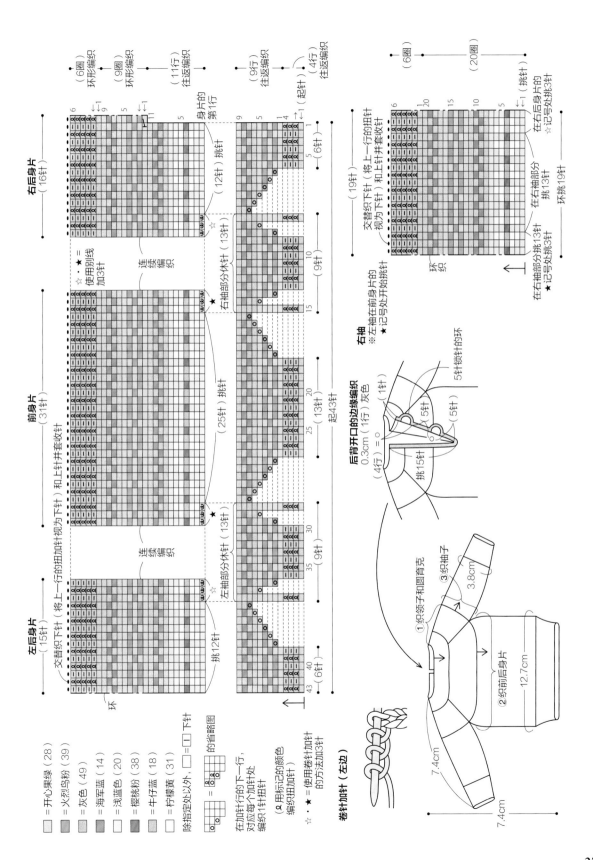

F 费尔岛花样连衣裙 图片 ✳ p.8

毛线
横田 iroiro

蜜褐色（3）5g，洋红色（43）3g，

肉豆蔻灰棕（7），苔绿色（24）各1.5g，

米白色（1），孔雀蓝（16）各1g，

布朗尼粉棕（11），薄荷绿（21），朗姆酒棕（22），

鲜黄色（29）各少量

针
串珠编织针 1.3mm 4根，蕾丝钩针 0号

其他
纽扣（直径8mm）3颗，手缝线，缝针

成品尺寸
参考图解

编织密度
平针编织提花花样 49针×52行（10cm×10cm）

编织要点 ✳ 使用1股线编织

1 编织领口和圆育克时，用手指挂线起43针，按花样编织领口，按提花花样编织圆育克。圆育克织好后休针。

2 在圆育克上挑针，编织前后身片，织19行提花花样。后背的开口处加1针，环形编织其余部分。下摆收针时一边交替织上针、下针，一边套收针。

3 环挑圆育克和前后身片的腋下加针（☆，★记号），按提花花样环织袖子。边缘编织收针时一边交替织上针、下针，一边套收针。

4 后背开口处按边缘编织图解编织，然后缝上纽扣。

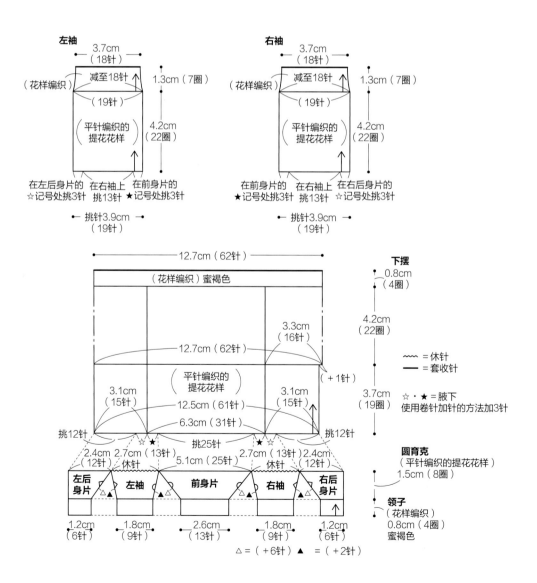

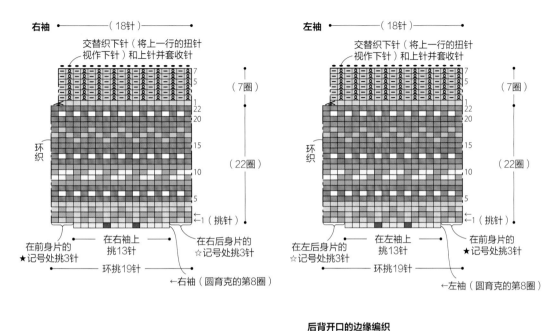

右袖 ←────（18针）────→

交替织下针（将上一行的扭针视作下针）和上针并套收针

（7圈）

（22圈）

环织

←1（挑针）

在前身片的★记号处挑3针
在右袖上挑13针
在右后身片的☆记号处挑3针
环挑19针
←右袖（圆育克的第8圈）

左袖 ←────（18针）────→

交替织下针（将上一行的扭针视作下针）和上针并套收针

（7圈）

（22圈）

环织

←1（挑针）

在左后身片的☆记号处挑3针
在左袖上挑13针
在前身片的★记号处挑3针
环挑19针
←左袖（圆育克的第8圈）

■ =洋红色（43）　　□ =米白色（1）
□ =蜜褐色（3）　　■ =苔绿色（24）
■ =布朗尼粉棕（11）　■ =薄荷绿（21）
■ =孔雀蓝（16）　　■ =鲜黄色（29）
■ =肉豆蔻灰棕（7）　■ =朗姆酒棕（22）

除指定处以外，□ = | 下针

后背开口的边缘编织
（蜜褐色）

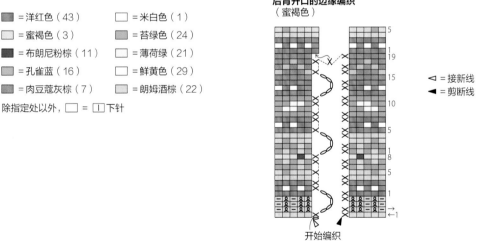

◁ =接新线
◀ =剪断线

开始编织

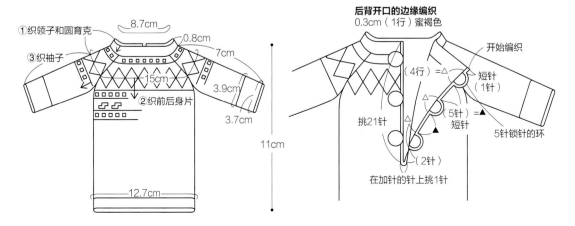

①织领子和圆育克
③织袖子
②织前后身片

8.7cm
0.8cm
7cm
15cm
3.9cm
3.7cm
11cm
12.7cm

后背开口的边缘编织
0.3cm（1行）蜜褐色

开始编织
（4行）=△
短针（1针）
挑21针
（5针）短针
在加针的针上挑1针
（2针）
5针锁针的环

29

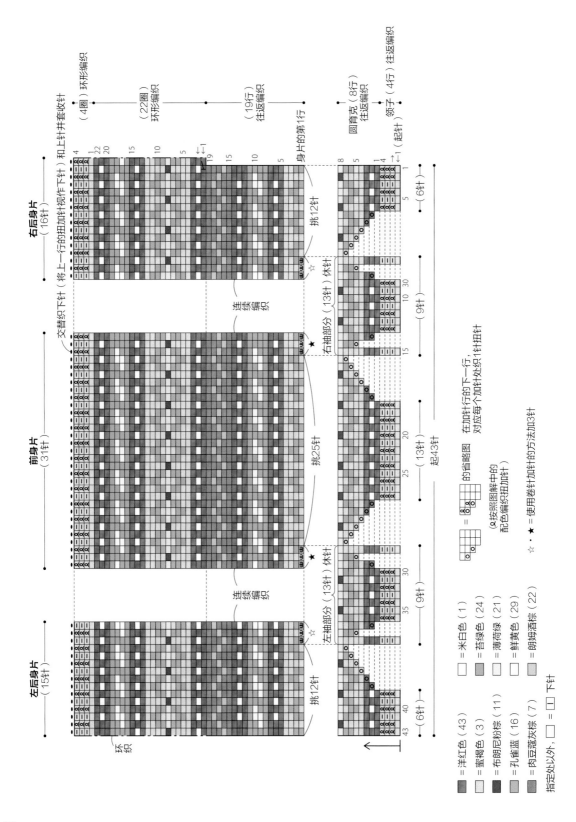

右后身片
（16针）

交替织下针（将上一行的扭加针视作下针）和上针并套收针

（4圈）环形编织

（22圈）环形编织

（19行）往返编织

身片的第1行

右袖部分（13针）休针

挑12针

连续编织

左袖部分（13针）休针

前身片
（31针）

挑25针

连续编织

左后身片
（15针）

挑12针

环织

圆育克（8行）往返编织

领子（4行）往返编织

（起针）

的省图略图

在加针行的下一行，对应每个加针处织1针扭针

（☆按照图解中的配色编织1针扭加针）

☆、★=使用卷加针的方法加3针

= 洋红色（43）

= 米白色（1）

= 蔷薇色（3）

= 苔绿色（24）

= 布朗尼粉棕（11）

= 薄荷绿（21）

= 孔雀蓝（16）

= 鲜黄色（29）

= 肉豆蔻灰棕（7）

= 朗姆酒棕（22）

指定处以外，□ = □下针

N 玫瑰图案披肩 图片 ✳ p.14

毛线

横田 iroiro

深灰色(48)5g, 红色(37)2g,

三叶草绿(26)各1g

针

棒针 2号 2根

其他

纽扣(直径7mm)6颗, 手缝线, 缝针

成品尺寸

参考图解

编织密度

提花花样 36针×38行(10cm×10cm)

编织要点 ✳ 使用1股线编织

用手指挂线起25针, 织2行起伏针, 接下来织61行主体部分, 其两端各织2针起伏针, 中间的21针织提花花样。再织2行起伏针, 最后套收针。缝上纽扣。

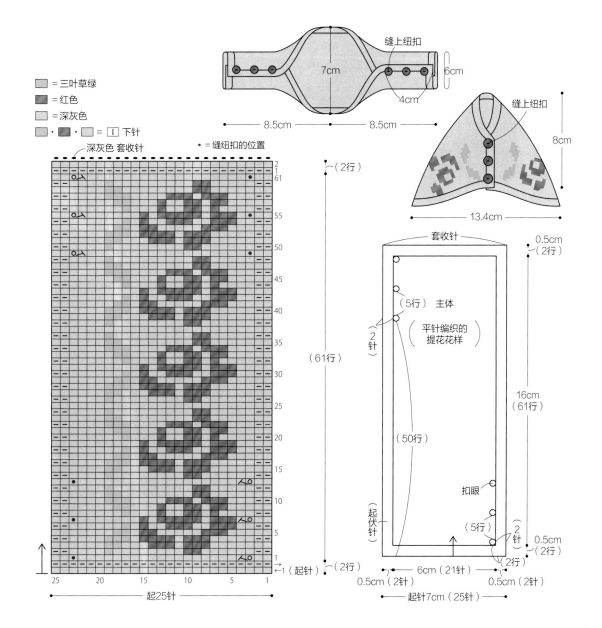

- ▨ = 三叶草绿
- ▨ = 红色
- ▨ = 深灰色
- ▨·▨·▨ = □ 下针
- • = 缝纽扣的位置

O 布胡斯开衫 图片 ✳ p.15

毛线

芭贝 Kid Mohair Fine

绿色(48)3g,白色(02)1g,

粉红色(44)、橙色(58)各0.5g

针

棒针 0号 5根,串珠编织针 1.3mm 4根

其他

玩偶专用纽扣(直径4mm)5颗,手缝线,缝针

成品尺寸

参考图解

编织密度

提花花样 24针×35行(10cm×10cm)

平针编织 24针×45行(10cm×10cm)

编织要点 ✳使用1股线编织

1 用手指挂线起37针,编织领子和圆育克。织4行领子,加至49针,按照提花花样 A 织11行圆育克,织好后休针。

2 编织前后身片时,先织2行后身片,再前后身片一起连续织10行,最后织4行单罗纹后套收针。在圆育克和身片的记号处环挑后织袖子,织好后套收针。

3 在身片上挑针,织门襟。

4 缝上纽扣。

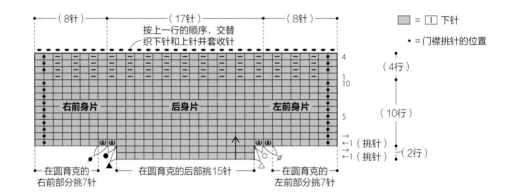

⬜ = □ 下针

• =门襟挑针的位置

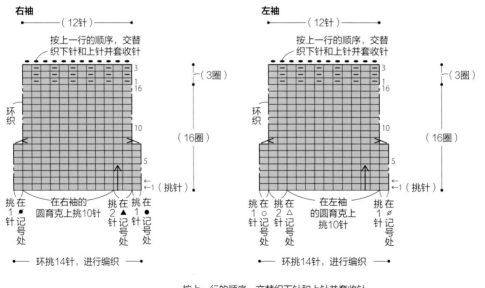

右门襟

左门襟不需要制作扣眼,
只需织单罗纹

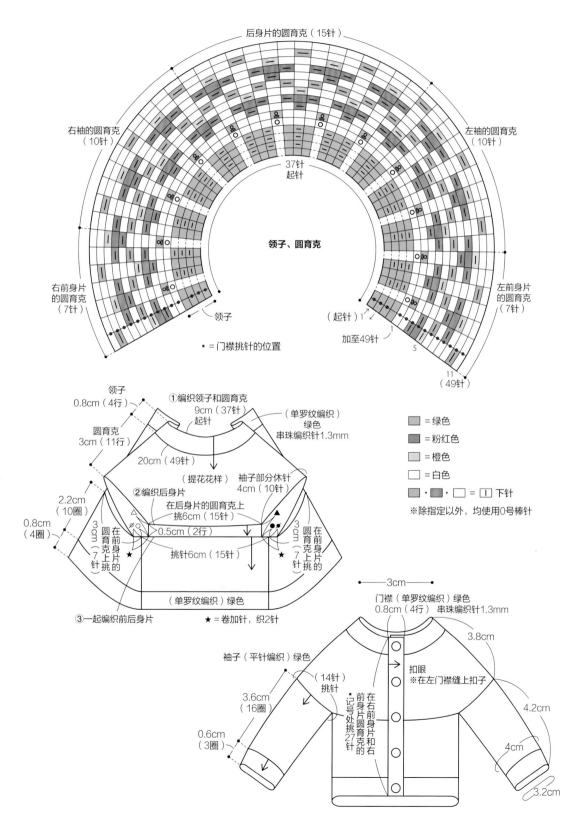

后身片的圆育克（15针）

右袖的圆育克
（10针）

左袖的圆育克
（10针）

37针
起针

领子、圆育克

右前身片
的圆育克
（7针）

领子

左前身片
的圆育克
（7针）

• =门襟挑针的位置

（起针）1
加至49针

5

11
（49针）

领子
0.8cm（4行）

①编织领子和圆育克
9cm（37针）
起针

（单罗纹编织）
绿色
串珠编织针1.3mm

圆育克
3cm（11行）

20cm（49针）

（提花花样）

袖子部分休针
4cm（10针）

■ =绿色
■ =粉红色
□ =橙色
□ =白色

2.2cm
（10圈）

0.8cm
（4圈）

②编织后身片
在后身片的圆育克上
挑6cm（15针）

0.5cm（2行）

挑针6cm（15针）

圆在前身片的圆育克上挑的7针

圆在前身片的圆育克上挑的7针

■ • ■ □ = I 下针

※除指定以外，均使用0号棒针

③一起编织前后身片

（单罗纹编织）绿色

★=卷加针，织2针

3cm

门襟（单罗纹编织）绿色
0.8cm（4行）串珠编织针1.3mm

3.8cm

袖子（平针编织）绿色

（14针）
挑针

扣眼
※在左门襟缝上扣子

在右前身片圆育克和右前身片圆育克的记号处挑27针

4.2cm

3.6cm
（16圈）

0.6cm
（3圈）

4cm

3.2cm

33

D、E 菱形格纹毛衣和袜子 图片 ✳ p.7

毛线

芭贝 Kid Mohair Fine

D 毛衣：粉红色（44）4g，浅粉色（4）1g，橙色（58）少量

E 袜子：粉红色（44）1g，浅粉色（4）0.5g，橙色（58）少量

针

串珠编织针 1.3mm 4根，蕾丝钩针 4号

其他

缝针（刺绣用）

成品尺寸

参考图解

编织密度

平针编织的提花花样 50针×67行（10cm×10cm）

编织要点 ✳使用1股线编织

毛衣

1 用手指挂线起28针，编织前后身片。织3行单罗纹后加1针，用纵向渡线的方法织提花花样。用引返编织的方法，织领窝和斜肩。肩膀部分织单罗纹，织好后休针。领子使用引拔收针。

2 在身片的袖隆处挑25针织袖子。从第2行开始引返加针，织出袖山后，在两端各加1针，继续织袖子、袖口的边缘编织。织好后引拔收针。

3 将身片的肩膀部分正面相对对齐，引拔接缝。在身片和袖子上绣花纹。缝合腋下和袖底时，挑起下针内侧1针，进行钉缝。

袜子

1 用手指挂线起针，从袜口开始织18行，引返织脚后跟。挑起脚背一侧休针的8针，织到脚尖后休针。

2 绣上花纹后，挑起下针内侧1针，钉缝侧边。用下针接缝法，缝合脚尖部分的8针。

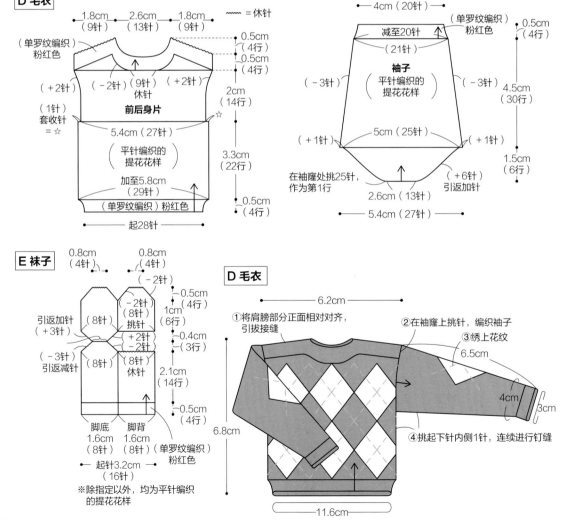

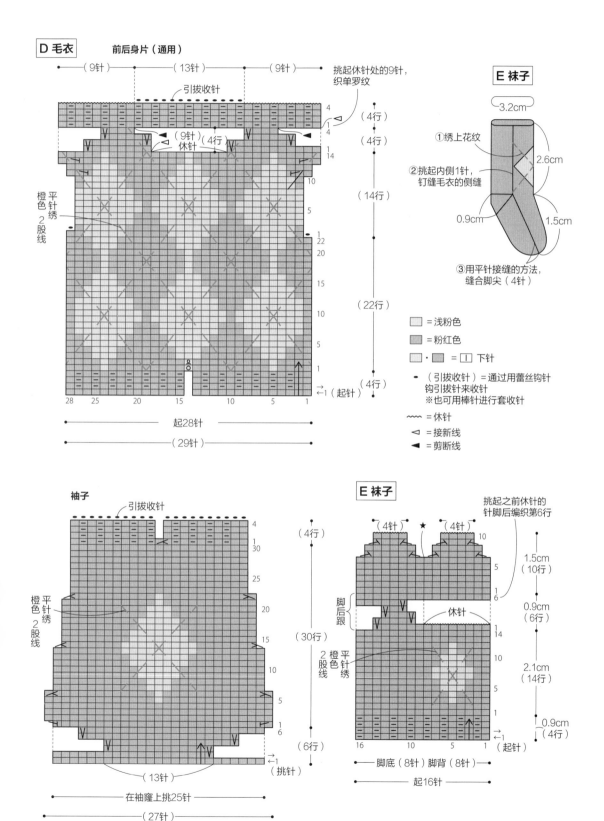

D 毛衣 前后身片（通用）

E 袜子

= 浅粉色
= 粉红色
· = ▢ 下针
- （引拔收针）= 通过用蕾丝钩针钩引拔针来收针
※也可用棒针进行套收针
~~~ = 休针
◁ = 接新线
◀ = 剪断线

袖子

A 阿兰花样毛衣 图片 ✻ p.4

毛线

芭贝 British Fine
白色（001）10g，粉红色（031）10g

针

棒针2号4根，短棒针2号4根，钩针2/0号

其他

纽扣（直径5mm）5颗，手缝线，缝针

成品尺寸

参考图解

编织密度

花样编织A 46针×42行（10cm×10cm）
花样编织B 28针×46行（10cm×10cm）

编织要点（a、b通用）＊使用1股线编织

1 用手指挂线起针，织前后身片。先织4行单罗纹，再继续进行花样编织。织好后，分出领窝和肩膀的针数，分别穿上别线后休针。

2 将前后身片的肩部正面相对对齐，引拔接缝。在前后领窝上挑针，织领子，织好后套收针。挑起前后身片边缘的内侧1针，钉缝毛衣的侧缝。

3 在前后袖窿上挑针，环织袖子，织好后套收针。

4 缝上纽扣。

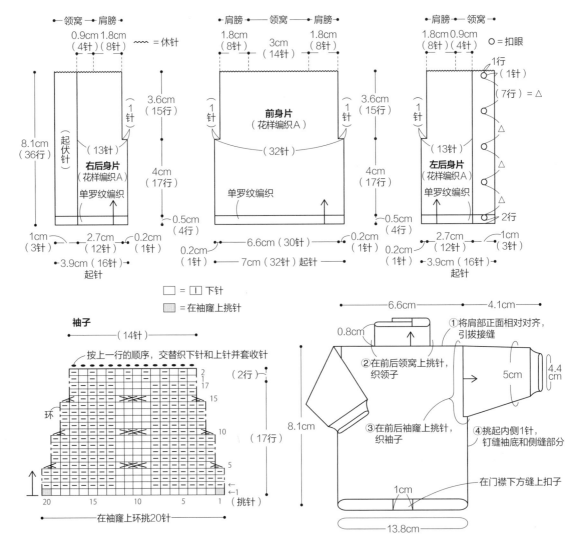

36

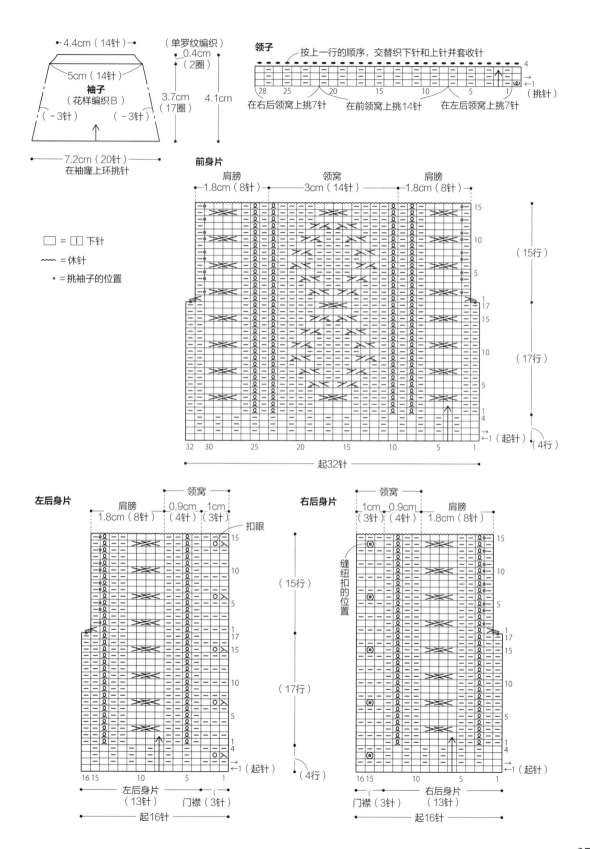

袖子
●—4.4cm（14针）—●

（单罗纹编织）
0.4cm
（2圈）

5cm（14针）

袖子
（花样编织B）

3.7cm
（17圈）

4.1cm

（-3针）   （-3针）

●—7.2cm（20针）—●
在袖窿上环挑针

□ = 下针
~~~ = 休针
• = 挑袖子的位置

领子
按上一行的顺序，交替织下针和上针并套收针

28   25   20   15   10   5   1
（挑针）
在右后领窝上挑7针   在前领窝上挑14针   在左后领窝上挑7针

前身片

肩膀   领窝   肩膀
1.8cm（8针）   3cm（14针）   1.8cm（8针）

（15行）

（17行）

（起针）
（4行）

32 30   25   20   15   10   5   1
起32针

左后身片

肩膀   领窝
1.8cm（8针）   0.9cm 1cm
（4针）（3针）
扣眼

（15行）

（17行）

（4行）

16 15   10   5   1
左后身片
（13针） 门襟（3针）
起16针

右后身片

领窝   肩膀
1cm 0.9cm   1.8cm（8针）
（3针）（4针）

缝纽扣的位置

（15行）

（17行）

16 15   10   5   1
门襟（3针）   右后身片
（13针）
起16针

37

C 根西毛衣（根西衫）图片 ✳ p.6

毛线

和麻纳卡 纯毛中细 深蓝色（19）8g

针

串珠编织针1.3mm 4根, 蕾丝钩针0号

其他

纽扣（直径8mm）2颗, 手缝线, 缝针

成品尺寸

参考图解

编织密度

花样编织 38针×54行（10cm×10cm）

平针编织 38针×68行（10cm×10cm）

编织要点 ✳使用1股线编织

1 用手指挂线起34针，织圆育克，用双罗纹织领子，按花样编织圆育克。圆育克织好后休针。

2 在圆育克上挑针，环形编织前后身片，先进行7圈花样编织，再进行平针编织。下摆织双罗纹，织好后按上一行的顺序，织下针、上针并套收针。

3 环挑圆育克和前后身片的腋下加针（☆、★记号处），环织袖子，先进行花样编织，再进行平针编织。袖口织双罗纹，织好后按上一行的顺序，织下针、上针并套收针。

4 在后背开口处进行边缘编织，然后缝上纽扣。

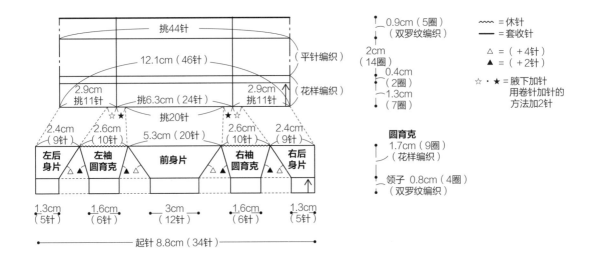

0.9cm（5圈）
（双罗纹编织）
2cm
（14圈）
0.4cm
（2圈）
1.3cm
（7圈）

〰 ＝休针
— ＝套收针
△ ＝（＋4针）
▲ ＝（＋2针）
☆・★ ＝腋下加针
用卷针加针的方法加2针

圆育克
1.7cm（9圈）
（花样编织）
领子 0.8cm（4圈）
（双罗纹编织）

后背开口的边缘编织

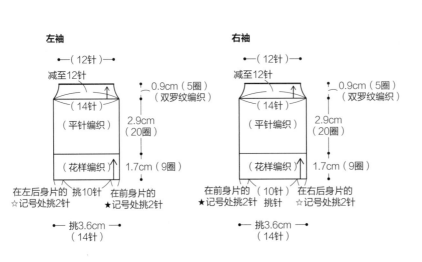

38

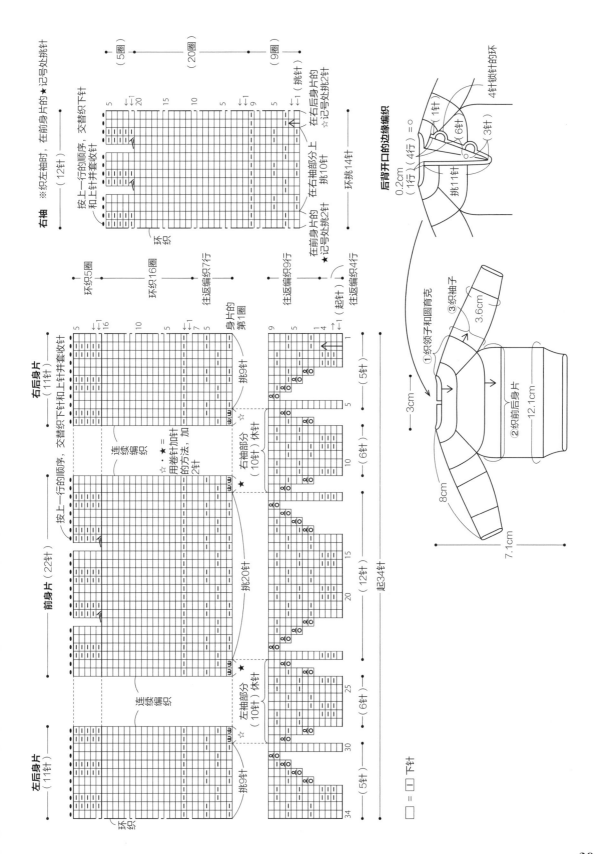

右袖 ※织左袖时，在前后身片的★记号处挑针

左后身片
（11针）

前身片（22针）

右后身片
（11针）

后背开口的边缘编织

H 洛皮毛衣 图片＊p.10

毛线

芭贝 New3PLY

本白色（302）、浅蓝色（311）各4g，海军蓝（326）2g

针

串珠编织针 1.3mm 4根

其他

玩偶专用纽扣（直径4mm）2颗，手缝线，缝针

成品尺寸

参考图解

编织密度

花样编织A 46针×55行（10cm×10cm）

花样编织B 46针×60行（10cm×10cm）

编织要点＊使用1股线编织

1 用手指挂线起35针，织领子和圆育克。织4行领子后，挑29针，用花样编织A织15行圆育克。圆育克织好后休针。

2 在圆育克上挑针，环形编织24圈前后身片，织好后套收针。在圆育克和身片的记号处挑针，织袖子，织好后套收针。

3 在圆育克上织扣环，缝上纽扣。

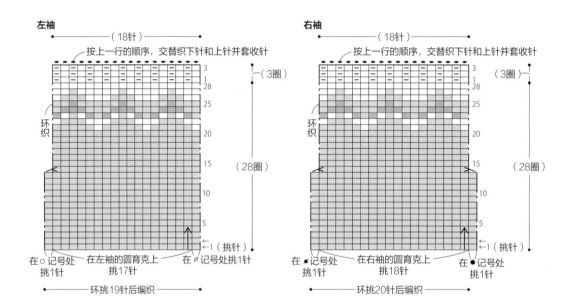

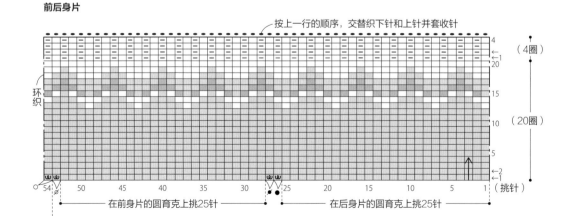

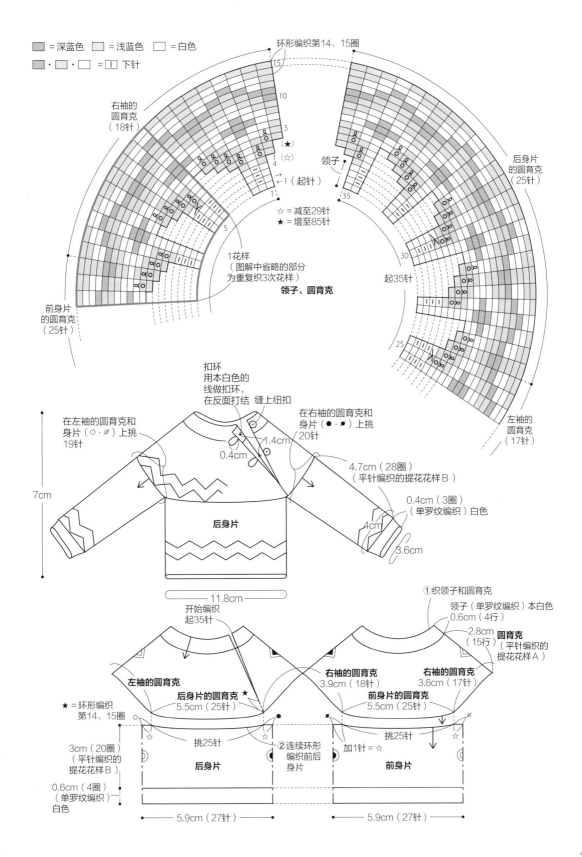

■ =深蓝色　■ =浅蓝色　□ =白色

■·■·□ =「I」下针

环形编织第14、15圈

右袖的圆育克（18针）

领子

10

5

1（★）

4（☆）

←1（起针）

☆ =减至29针
★ =增至85针

1花样
（图解中省略的部分
为重复织3次花样）

领子、圆育克

后身片的圆育克（25针）

起35针

左袖的圆育克（17针）

前身片的圆育克（25针）

扣环
用本白色的
线做扣环，
在反面打结，
缝上纽扣

在左袖的圆育克和
身片（○·∅）上挑
19针

1.4cm

0.4cm

在右袖的圆育克和
身片（●·∅）上挑
20针

4.7cm（28圈）
（平针编织的提花花样B）

0.4cm（3圈）
（单罗纹编织）白色

4cm

3.6cm

后身片

7cm

11.8cm

开始编织
起35针

①织领子和圆育克
领子（单罗纹编织）本白色
0.6cm（4行）

2.8cm（15行）
圆育克
（平针编织的提花花样A）

左袖的圆育克

后身片的圆育克 ★
5.5cm（25针）

右袖的圆育克
3.9cm（18针）

右袖的圆育克
3.6cm（17针）

前身片的圆育克
5.5cm（25针）

★ =环形编织
第14、15圈

3cm（20圈）
（平针编织的
提花花样B）

0.6cm（4圈）
（单罗纹编织）
白色

挑25针

②连续环形
编织前后
身片

后身片

挑25针

加1针 =☆

前身片

5.9cm（27针）

5.9cm（27针）

I、J 提花配色编织套装 图片∗ p.11

毛线

横田 iroiro

I 开衫：米白色（1）6g，三叶草绿（26）、
浆果红（44）各1g

J 裙子：米白色（1）4g，三叶草绿（26）、
浆果红（44）各少量

针

棒针0号 4根，蕾丝钩针0号

其他

纽扣

I 开衫：（直径6mm）4颗，

J 裙子：（直径8mm）1颗，手缝线，缝针

成品尺寸

参考图解

编织密度

花样编织 40针×56行（10cm×10cm）

平针编织 40针×51行（10cm×10cm）

编织要点 ∗使用1股线编织

I 开衫

1 用手指挂线起41针，按花样编织。从袖窿处开始分别织前后身
片。领窝和肩膀织好后休针。

2 将身片正面相对对齐，引拔钉缝肩膀部分，在前后领窝上挑针后
织领子。

3 织门襟。

4 在身片的袖窿上挑针，用平针编织的方法织袖子。按上一行的顺
序，交替织下针和上针并套收针。

5 缝上扣子。

J 裙子

用手指挂线起48针，环形编织。下摆织拉脱维亚辫子，然后用花样
编织主体，织到第23圈减至35针。往返织4行单罗纹，织好后按上
一行的顺序，交替织下针和上针并套收针。最后用锁针钩扣环，缝
上纽扣。

I 开衫

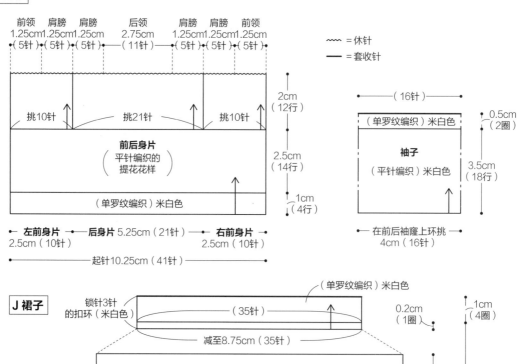

J 裙子

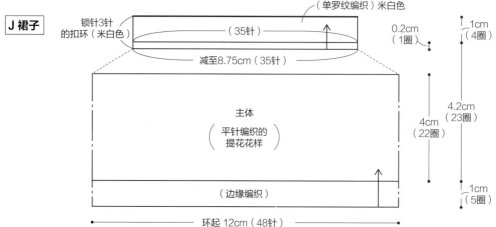

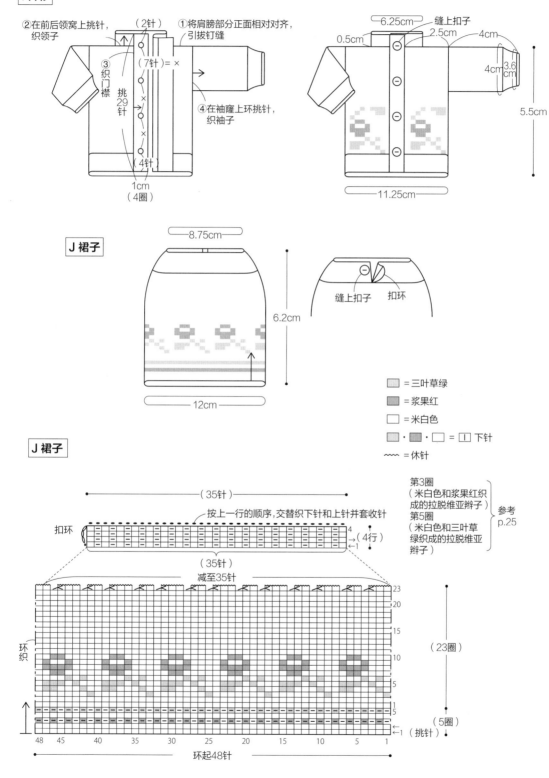

I 开衫

②在前后领窝上挑针，织领子

①将肩膀部分正面相对对齐，引拔钉缝

（2针）

（7针）＝×

③织门襟

挑29针

④在袖窿上环挑针，织袖子

（4针）

1cm（4圈）

6.25cm
0.5cm
缝上扣子
2.5cm
4cm
4cm 3.6cm
5.5cm
11.25cm

J 裙子

8.75cm
6.2cm
12cm

缝上扣子　扣环

▨ = 三叶草绿

▤ = 浆果红

□ = 米白色

▨・▤・□ = |1| 下针

〰〰 = 休针

J 裙子

（35针）

按上一行的顺序，交替织下针和上针并套收针

扣环

（35针）
4（4行）
→1

减至35针

第3圈（米白色和浆果红织成的拉脱维亚辫子）
第5圈（米白色和三叶草绿织成的拉脱维亚辫子）
参考p.25

环织

23
20
15
10
5
1

（23圈）

5
1（挑针）
（5圈）

48　45　40　35　30　25　20　15　10　5　1

环起48针

| 开衫

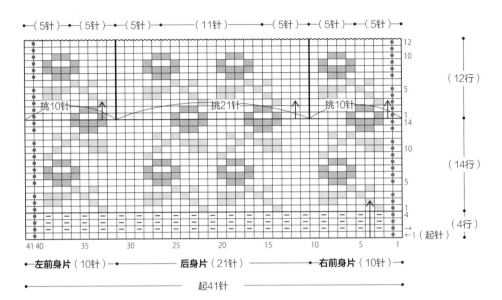

（5针）（5针）（5针）（11针）（5针）（5针）（5针）

挑10针 挑21针 挑10针

• 左前身片（10针） • 后身片（21针） • 右前身片（10针）

起41针

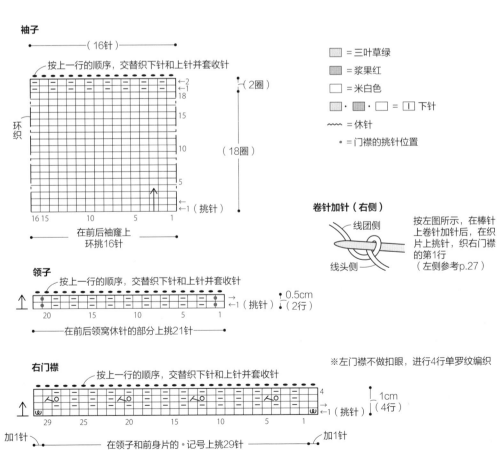

袖子

（16针）

按上一行的顺序，交替织下针和上针并套收针

环织

（2圈）

（18圈）

在前后袖窿上 环挑16针

（挑针）

= 三叶草绿

= 浆果红

= 米白色

•・•・□ = Ⅰ 下针

~~~ = 休针

• = 门襟的挑针位置

卷针加针（右侧）

线团侧

线头侧

按左图所示，在棒针上卷针加针后，在织片上挑针，织右门襟的第1行（左侧参考p.27）

领子

按上一行的顺序，交替织下针和上针并套收针

0.5cm（2行）（挑针）

在前后领窝休针的部分上挑21针

右门襟

按上一行的顺序，交替织下针和上针并套收针

※左门襟不做扣眼，进行4行单罗纹编织

1cm（4行）（挑针）

加1针 在领子和前身片的·记号上挑29针 加1针

B 阿兰花样帽子 图片 ✳ p.5

毛线

横田 iroiro

黄色帽子: 胡椒黄（30）3g

白色帽子: 米白色（1）3g

深蓝色帽子: 夜空蓝（17）3g

针

棒针 2号 4根

成品尺寸

参考图解

编织密度

花样编织 44针×48行（10cm×10cm）

编织要点（3作品通用）✳使用1股线编织

用一般起针方法，环起40针，织3圈单罗纹编织，再织20圈花样编织。织好后留一段线头，穿过针上余下的针脚，穿2圈后系紧。

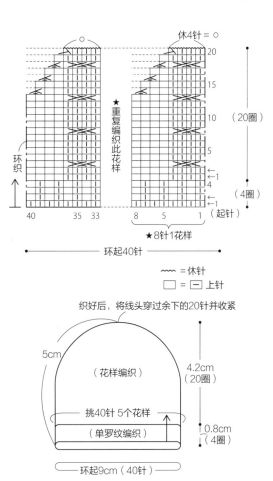

休4针 = ○

★ 重复编织此花样

★8针1花样

环起40针

〰 = 休针

□ = − 上针

织好后，将线头穿过余下的20针并收紧

5cm

（花样编织）

挑40针 5个花样

（单罗纹编织）

4.2cm（20圈）

0.8cm（4圈）

环起9cm（40针）

主体

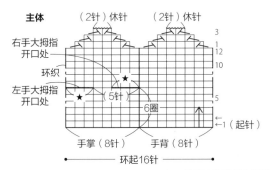

右手大拇指开口处

环织

左手大拇指开口处

（2针）休针　（2针）休针

（5针）

6圈

手掌（8针）　手背（8针）

环起16针

★ =（3针）在别线上编织

大拇指开口处的编织方法　大拇指（平针编织）

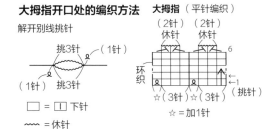

解开别线挑针

挑3针　（1针）

（1针）挑3针

□ = ⊥ 下针

〰 = 休针

（2针）休针　（2针）休针

环织

☆（3针）☆（3针）（挑针）

☆ = 加1针

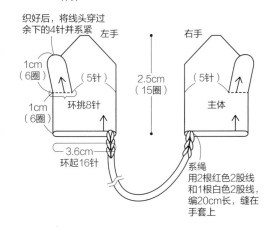

织好后，将线头穿过余下的4针并系紧

左手

1cm（6圈）

（5针）

环挑8针

1cm（6圈）

3.6cm

环起16针

2.5cm（15圈）

右手

主体

系绳

用2根红色2股线和1根白色2股线，编织20cm长，缝在手套上

U 三角连指手套 图片 ✳ p.21

毛线

芭贝 New2PLY

白色（202）、红色（221）各少量

针

棒针 0号 4根

成品尺寸

参考图解

编织密度

平针编织 44针×60行（10cm×10cm）

编织要点 ✳使用1股线编织

1 用手指挂线起16针，环织主体，织到大拇指开口处，在别线织3针。下一圈织到大拇指开口处时，在别线上挑针进行编织，织至12圈，然后一边减针一边织3圈指尖部分。织好后将线头穿过余下的4针并系紧。

2 织大拇指部分时，解开别线，上下共挑6针，两侧各加1针，共计8针，织至指尖部分。织好后将线头穿过余下的针脚并系紧。

3 用3根线编成系绳，缝在手套的手腕处。

K、L 宾根毛衣和围脖 图片✳p.12

毛线

横田 Superwash Merino

K 毛衣: 本白色(1)6g, 靛蓝色(5)5g, 红色(6)3g

L 围脖: 靛蓝色(5)2g, 本白色(1)、红色(6)各1g

针

棒针0号4根, 钩针3/0号

其他

K 毛衣: 按扣(直径6mm)4颗, 手缝线, 缝针

成品尺寸

参考图解

编织密度

K 毛衣: 提花编织 38针×37行(10cm×10cm)

L 围脖: 提花编织 31针×40行(10cm×10cm)

编织要点 ✳使用1股线编织

K 毛衣

1 用手指挂线起51针, 织前后身片。先织单罗纹, 再织提花花样。后领窝部分织好后套收针, 肩膀织好后休针。

2 用手指挂线起16针, 织袖子, 先织单罗纹, 再织提花花样。织好后套收针。

3 将身片正面相对对齐, 引拔钉缝肩膀部分。在前后领窝上挑针, 织领子。织左后身片上的门襟。

4 挑起下针内侧1针, 钉缝袖底缝。使用针脚与整行之间的钉缝方法, 缝合袖子和身片。

5 在后背开口处缝上按扣。

L 围脖

用手指挂线起44针, 环形编织提花花样。编织结束处(第13圈)一边织2针并1针, 一边套收针。

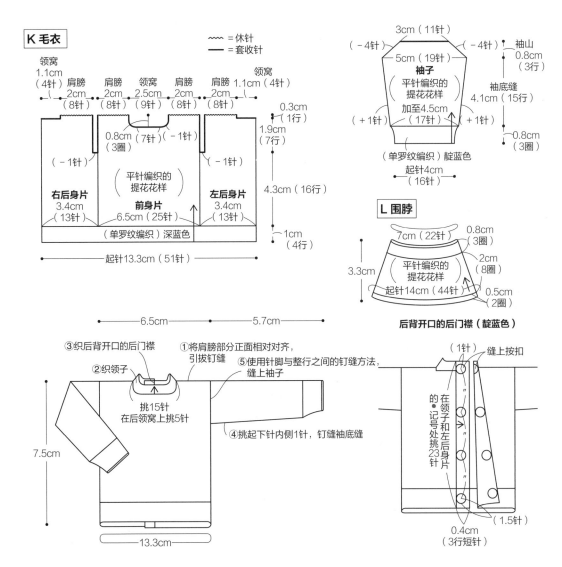

46

L 围脖

使用3/0号钩针，钩短针2针并1针

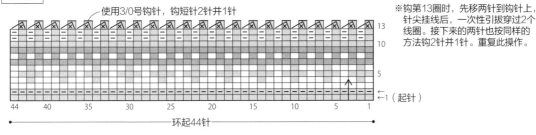

※钩第13圈时，先移两针到钩针上，针尖挂线后，一次性引拔穿过2个线圈。接下来的两针也按同样的方法钩2针并1针。重复此操作。

13
10
5
←1（起针）
44 40 35 30 25 20 15 10 5 1
环起44针

K 毛衣

•（4针）• •（8针）• •（8针）• •（9针）• •（8针）• •（8针）• •（4针）•

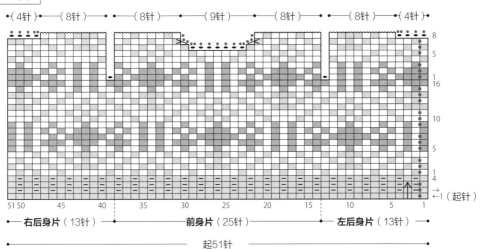

8
6
5
1
16
10
5
1
4
←1（起针）
51 50 45 40 35 30 25 20 15 10 5 1
•右后身片（13针）• •前身片（25针）• •左后身片（13针）•
起51针

袖子

用本白色的毛线套收针

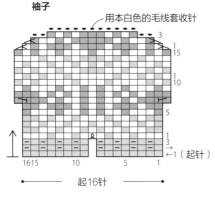

3
1
15
10
5
1
3
1
←1（起针）
16 15 10 5 1
起16针

领子（深蓝色）

按上一行的顺序，交替织下针和上针并套收针

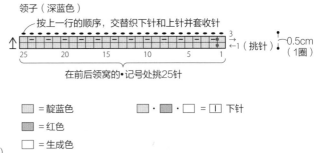

3
←1（挑针）
0.5cm（1圈）
25 20 15 10 5 1

在前后领窝的•记号处挑25针

☐ =靛蓝色　☐・☐・☐ = [ ] 下针

☐ =红色

☐ =生成色

• =后背开口的后门襟的挑针位置

后背开口的后门襟（靛蓝色）　　　钩针3/0号

◁ =接新线
◀ =剪断线

在领子和左后身片的•记号处挑23针

M 代尔斯布毛衣 图片 ✽ p.13

毛线

横田 iroiro

红色（37）5g，黑色（47）3g，

米白色（1），三叶草绿（26）各1g

针

棒针 0号 4根，钩针3/0号

其他

毛衣：按扣（直径6mm）4颗，手缝线，缝针

成品尺寸

参考图解

编织密度

平针编织的提花花样 35针×40行（10cm×10cm）

编织要点 ✱ 使用1股线编织

1 用手指挂线起33针，按提花花样织前后身片。后领窝织好后套收针，肩膀织好后休针。

2 用手指挂线起13针，按提花花样织袖子。织好后休针。

3 将前后身片正面相对对齐，引拔钉缝肩膀部分。在前后领窝上挑针，织边缘编织。用钩针钩织后背开口的后门襟。

4 挑起内侧1针，钉缝袖底缝。使用针脚与整行之间的钉缝方法，缝合袖子和身片。

5 进行刺绣，缝上按扣。

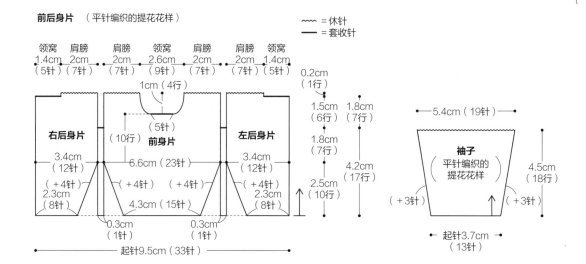

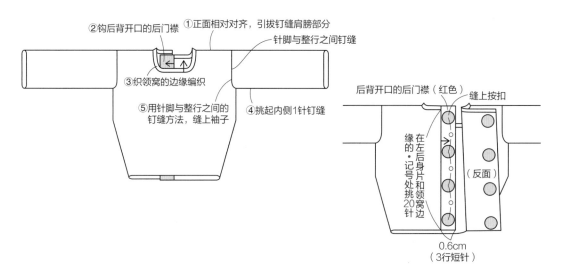

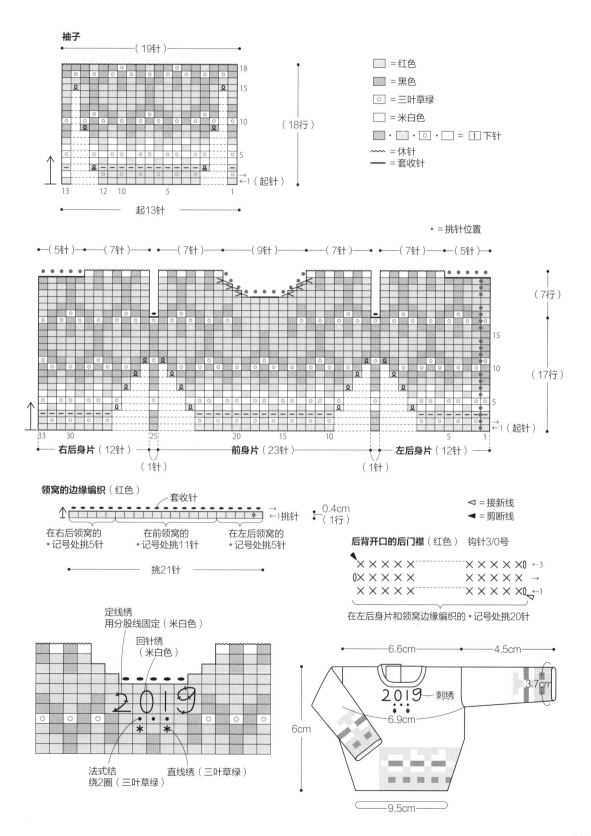

P 赛特斯达尔开衫 图片✳p.16

毛线

芭贝 British Fine

黑色(008)7g, 白色(001)3g

针

串珠编织针1.3mm 4根, 蕾丝钩针4号

其他

纽扣(直径6mm)2颗,

织带(宽1.2cm)4cm,

手缝线, 缝针

成品尺寸

参考图解

编织密度

提花花样 54针×62行(10cm×10cm)

编织要点✳使用1股线编织

1 用手指挂线起71针, 注意编织方向(不需断线), 织提花花样。织到袖窿处开始分别织前后身片。领窝和肩膀织好后休针。

2 将前后身片正面相对对齐, 引拔钉缝肩膀部分。在前后领窝上挑针, 织领子。

3 在身片的前后袖窿上环挑针, 织袖子。织好后套收针。

4 在左后身片上钩锁针的扣环, 缝上纽扣。在胸口缝上织带。

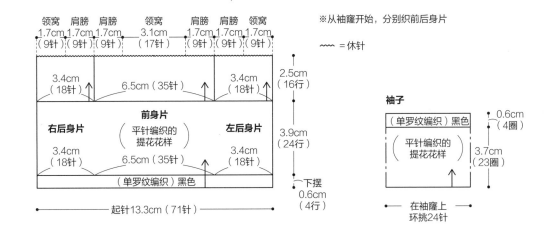

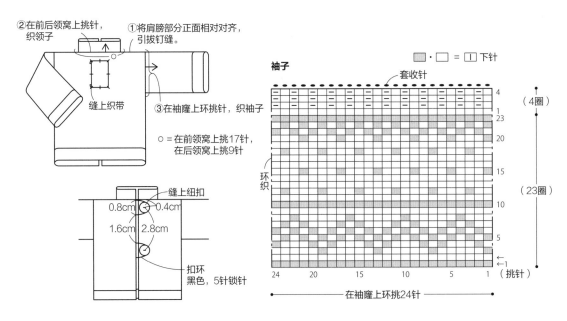

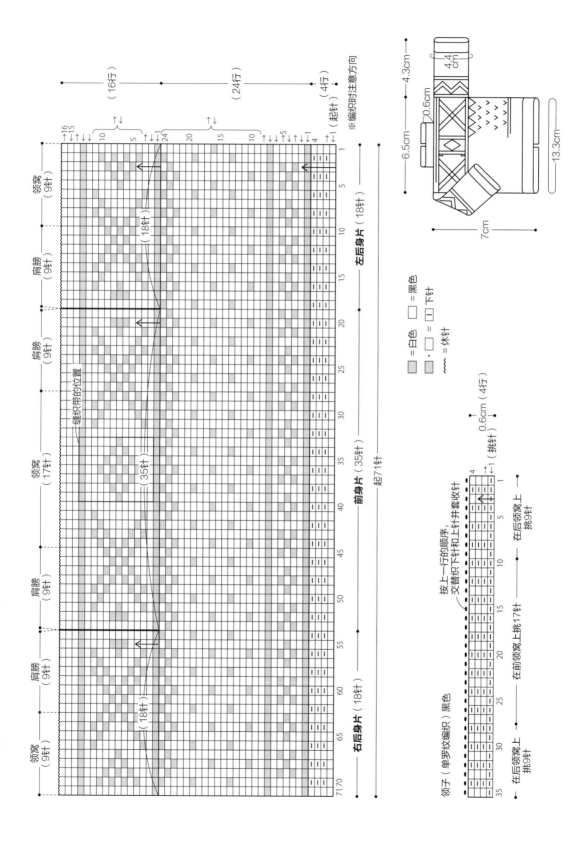

Q 塞尔布开衫 图片 ✳ p.17

毛线

芭贝 British Fine

白色（001）5g，黑色（008）4g

针

串珠编织针 1.3mm 4根，蕾丝钩针4号

其他

纽扣（直径6mm）2个，手缝线，缝针

成品尺寸

参考图解

编织密度

提花花样 54针×62行（10cm×10cm）

编织要点 ✳ 使用1股线编织

1 用手指挂线起69针，按提花花样织前后身片。织到袖窿处开始分别织前后身片。领窝和肩膀织好后休针。

2 将前后身片正面相对对齐，引拔钉缝肩膀部分。在前后领窝上挑针，织领子。

3 在前后袖窿上环挑针，织袖子。织好后套收针。

4 在左后身片上钩锁针的扣环，缝上纽扣。

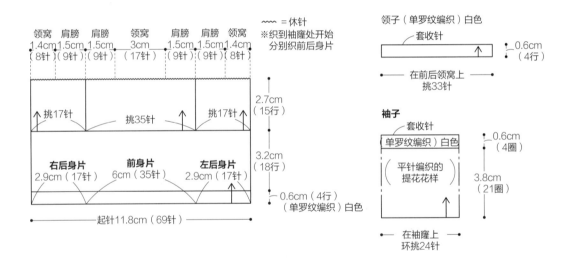

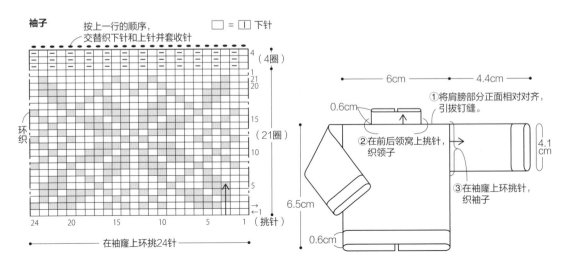

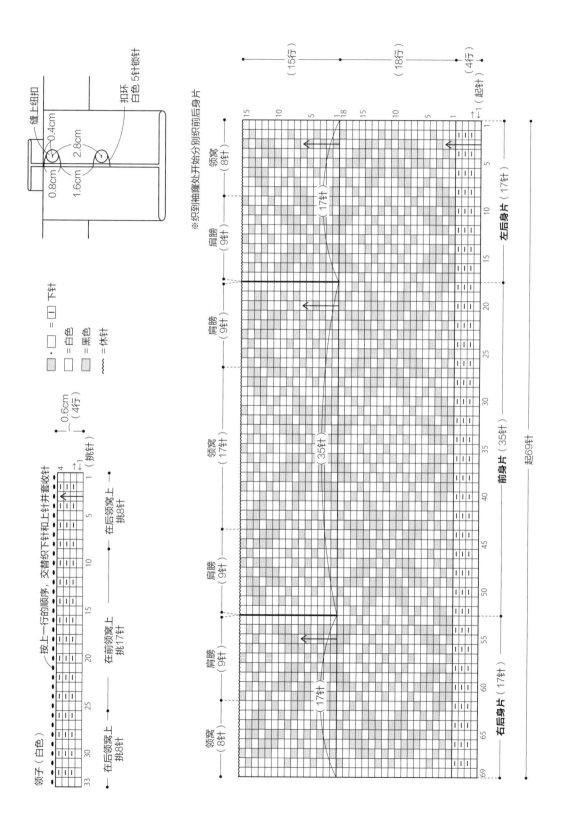

R 考伊琴毛衣外套 图片 ✳ p.18

毛线

芭贝 British Fine

浅褐色(022)5g, 白色(001)4g

米色(040)、深粉色(068)各1g

针

棒针 1.25mm 4根, 蕾丝钩针0号

其他

纽扣(直径9mm)2个, 手缝线, 缝针

成品尺寸

参考图解

编织密度

提花花样 38针×44行(10cm×10cm)

起伏针编织 38针×60行(10cm×10cm)

编织要点 ✳ 使用1股线编织

1 用手指挂线起48针, 按提花花样织前后身片。下摆织双罗纹, 身片织提花花样。将前后身片反面相对对齐, 引拔钉缝肩膀部分。

2 在后身片上挑针, 用起伏针编织后领, 织好后套收针。织前领时, 在后领左、右两侧的反面各挑8针, 织21行起伏针。在前身片挑针, 织门襟。

3 袖子起针, 从袖口开始织22行提花花样, 织好后休针。

4 将前领缝在前身片和门襟上。将袖山与袖窿对齐, 使用针脚与整行之间的钉缝方法, 缝合袖子。挑起内侧1针, 钉缝袖底缝。缝上纽扣。

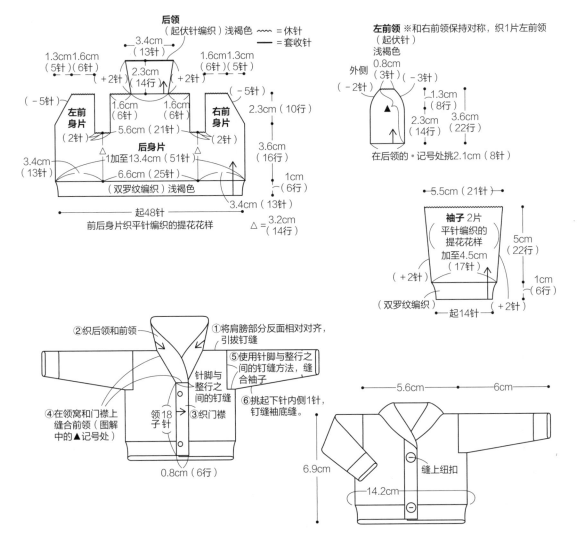

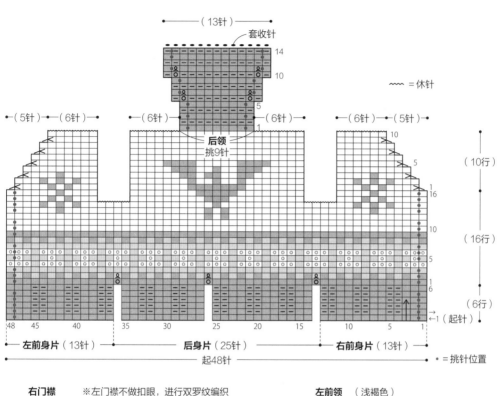

～～ =休针

套收针

（13针）

后领
挑9针

（5针）（6针）（6针）（6针）（6针）（5针）

（10行）

（16行）

（6行）

→1（起针）

左前身片（13针）　后身片（25针）　右前身片（13针）

起48针

• =挑针位置

右门襟
（浅褐色）

※左门襟不做扣眼，进行双罗纹编织

左前领　（浅褐色）
※对称编织右前领

用浅褐色的线套收针

（3针）

在右前身片的•记号处挑18针

0.8cm（6行）
→1（挑针）

（20针）

外
侧

（22行）

→1（挑针）

在后领反面的
•记号处挑8针

袖子

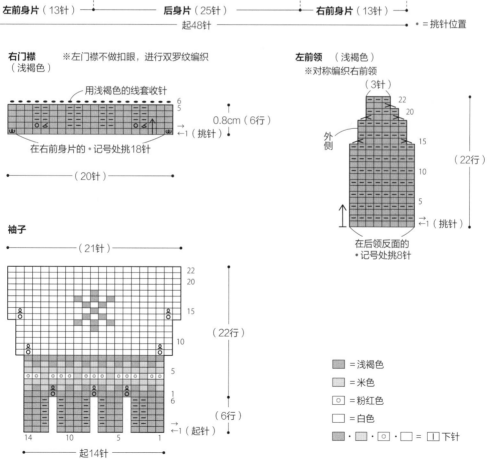

（21针）

（22行）

（6行）

→1（起针）

起14针

█ =浅褐色

▨ =米色

⊙ =粉红色

☐ =白色

▨ · ▨ · ⊙ · ☐ = ☐下针

S 考伊琴毛背心 图片 ✳ p.19

线

芭贝 British Fine

炭灰色（012）4g，浅灰色（010）2g

蓝色（062）、淡青色（064）各1g

针

棒针 1.25mm 4根，蕾丝钩针0号

其他

纽扣（直径8mm）3颗，手缝线，缝针

成品尺寸

参考图解

编织密度

提花花样 38针×44行（10cm×10cm）

起伏针编织 38针×60行（10cm×10cm）

编织要点 ✳ 使用1股线编织

1 用手指挂线起49针，先用起伏针织下摆，再织提花花样至肩膀。将肩膀部分反面相对对齐，引拔钉缝。

2 在后身片上挑9针，用起伏针编织后领，织好后套收针。织前领时，在后领左、右两侧的反面各挑8针，织20行起伏针。在前身片挑针，织门襟。

3 将前领缝在前身片和门襟上。在袖窿上环挑针，织边缘编织。缝上纽扣。

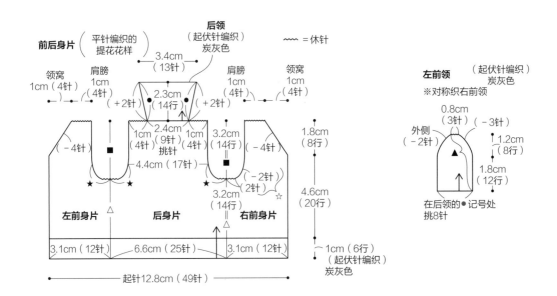

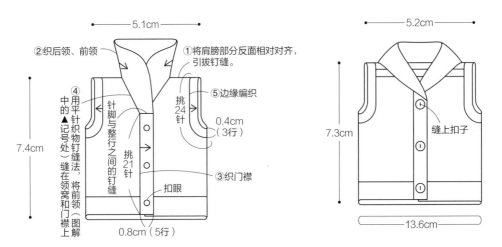

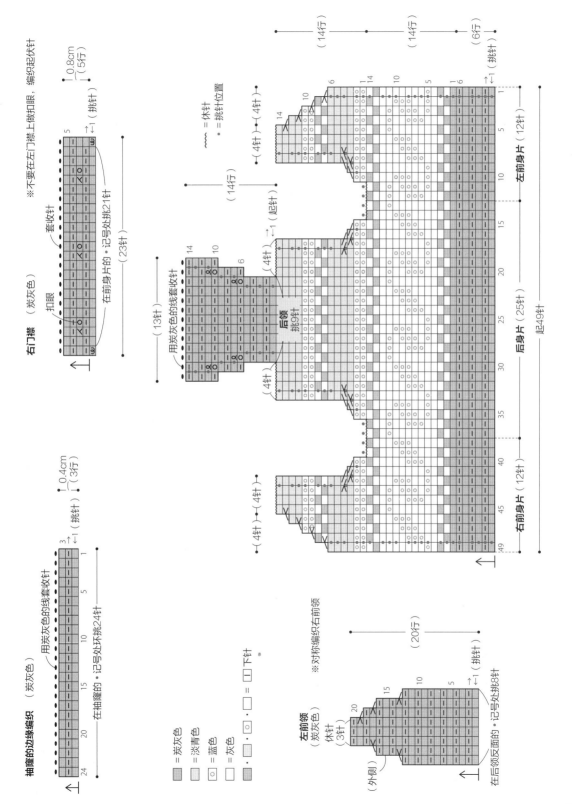

※不要在左门襟上做扣眼，编织起伏针

右门襟（炭灰色）

0.8cm
（5行）
→1（挑针）

扣眼

套收针

←3

←8

（23针）

在前身片的●记号处挑21针

※不要在左门襟上做扣眼

= 休针
● = 挑针位置

（14行）
（14行）
（6行）

←1（挑针）

（4针）（4针）

左前身片（12针）

10

14

6

14

1

10

6

14

（14行）

←1（起针）

（4针）

10
14

6

5

15

20

后领
挑9针

后身片（25针）

用灰色的线套收针

起49针

5

25

30

35

40

45

49

1

6

1

14

5

（4针）

右前身片（12针）

袖窿的边缘编织（炭灰色）

用炭灰色的线套收针

24

20

15

10

5

3

←1（挑针）

0.4cm
（3行）

在袖窿的●记号处环挑24针

= 炭灰色
= 淡青色
= 蓝色
= 灰色

· = ⊡ 下针

左前领（炭灰色）

休针
（3针）

20

15

10

5

（20行）

→1（挑针）

※对称编织右前领

（外侧）

在后领反面的●记号处挑8针

T 驯鹿图案长套衫 图片＊p.20

毛线
芭贝 British Fine
米色(040)10g, 绿色(055)3g
针
串珠编织针 1.3mm 4根, 蕾丝钩针4号
成品尺寸
参考图解
编织密度
平针编织和平针编织的提花花样
40针×55行(10cm×10cm)

编织要点 ＊使用1股线编织

1 用手指挂线起44针, 织双罗纹。环形编织平针至袋口处。分别往返编织8行a和b部分。然后环形编织10圈提花花样至袖窿。从袖窿处开始分别往返编织前后身片, 用引返编织的方法, 织领窝和斜肩, 织好后休针。
2 袋口织单罗纹。两端和身片缝合。
3 将肩膀部分正面相对对齐, 引拔钉缝。在前后领窝上环挑针, 用单罗纹编织领子。在前后袖窿上环挑针, 用单罗纹织袖子。

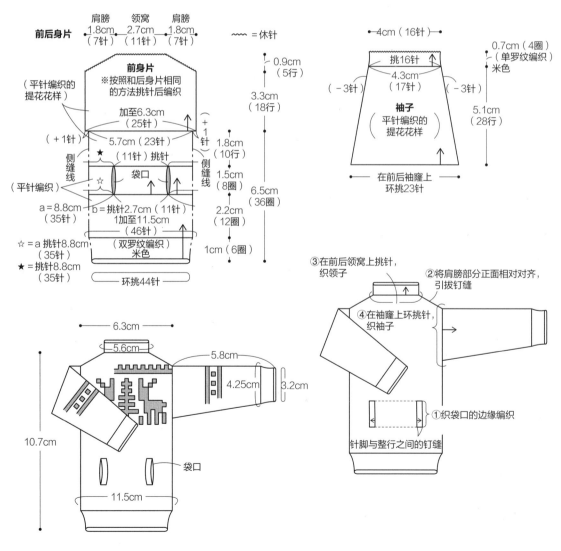

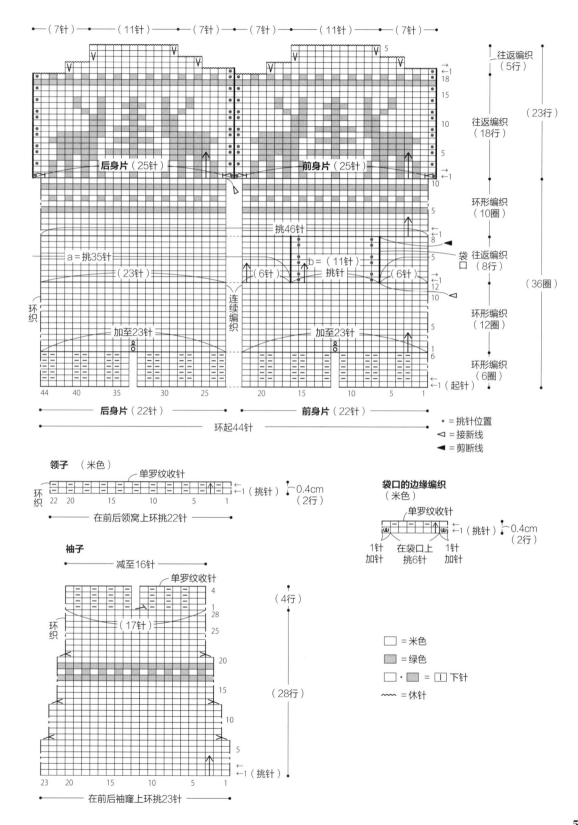

←（7针）→ ←（11针）→ ←（7针）→ ←（7针）→ ←（11针）→ ←（7针）→

后身片（25针）   前身片（25针）

a＝挑35针
（23针）

挑46针
b＝（11针）
（6针） 挑针 （6针）

袋口

连续编织

加至23针   加至23针

环织

44 40 35 30 25 20 15 10 5 1

←（7针）→ 后身片（22针） ←（7针）→ 前身片（22针）

环起44针

往返编织
（5行）

往返编织
（18行）   （23行）

环形编织
（10圈）

往返编织
（8行）

环形编织   （36圈）
（12圈）

环形编织
（6圈）
←1（起针）

• ＝挑针位置
◁ ＝接新线
◀ ＝剪断线

领子（米色）

单罗纹收针

环织 22 20 15 10 5 1 ←1（挑针） 0.4cm（2行）

在前后领窝上环挑22针

袋口的边缘编织
（米色）

单罗纹收针

←1（挑针） 0.4cm（2行）

1针   在袋口上   1针
加针   挑6针   加针

袖子

减至16针

单罗纹收针

环织 （17针） 28 25 （4行）

20 （28行）

15

10

5

←1（挑针）

23 20 15 10 5 1

在前后袖窿上环挑23针

□ ＝米色
▨ ＝绿色
□• ▨ ＝□下针
〰 ＝休针

V 萨米族披风 图片 ✽ p.21

毛线

芭贝 British Fine

深蓝色（003）、白色（001）、红色（013）各1.5g

针

棒针 1.3mm 4根，蕾丝钩针4号

其他

纽扣（直径4mm）1颗，手缝线，缝针

成品尺寸

参考图解

编织密度

提花花样 40针×55行（10cm×10cm）

编织要点 ✽ 使用1股线编织

用手指挂线起49针，先织2行单罗纹，再织提花花样。在领窝上织2行单罗纹，然后织单罗纹收针。从前端开始挑针，进行1行短针的边缘编织。制作扣环，缝上纽扣。

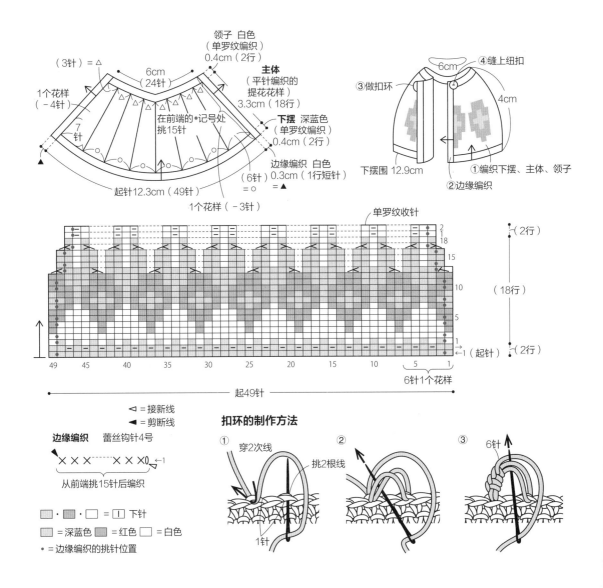

（3针）＝△

1个花样（－4针）

7针

6cm（24针）

领子 白色（单罗纹编织）0.4cm（2行）

主体（平针编织的提花花样）3.3cm（18行）

在前端的•记号处挑15针

下摆 深蓝色（单罗纹编织）0.4cm（2行）

边缘编织 白色（6针）0.3cm（1行短针）＝○

起针12.3cm（49针）

1个花样（－3针）

④缝上纽扣

③做扣环

6cm

4cm

下摆围 12.9cm

①编织下摆、主体、领子

②边缘编织

单罗纹收针

（2行）

（18行）

（2行）

1（起针）

6针1个花样

起49针

◁ ＝接新线

◀ ＝剪断线

边缘编织 蕾丝钩针4号

从前端挑15针后编织

▨·▨·☐ ＝ ┃ 下针

▨＝深蓝色 ▨＝红色 ☐＝白色

•＝边缘编织的挑针位置

扣环的制作方法

① 穿2次线

挑2根线

1针

②

③ 6针

60

X 护耳毛线帽 图片 ✱ p.22

毛线

横田 iroiro

乳白色(2)1.5g，

孔雀蓝(16)、柠檬黄(31)、红色(37)各1g

针

棒针1号、2号 各4根

其他

缝针(绣花针)

成品尺寸

参考图解

编织密度

提花花样 36针×36行(10cm×10cm)

编织要点 ✱使用1股线编织

1 用手指挂线，环起42针织主体，先织3圈单罗纹。从第4圈开始织提花花样。织好后将线头穿过余下的针眼，穿2圈后系紧。在指定位置挑8针，平针编织护耳部分，织好后套收针。

2 用锁边绣给帽沿和护耳加上边缘。将3股线编成的系绳固定在护耳的底端，做一个毛线球，缝在帽顶。

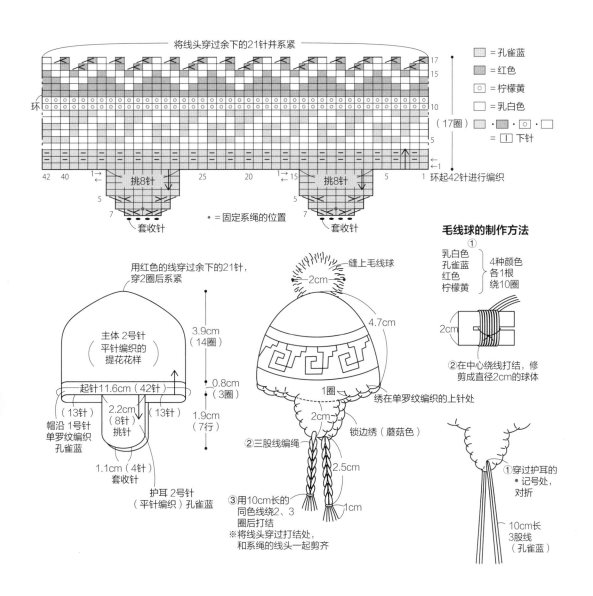

▨	=孔雀蓝
▨	=红色
⊙	=柠檬黄
☐	=乳白色

(17圈) ▨ · ⊙ · ☐
= ☐ 下针

将线头穿过余下的21针并系紧

环起42针进行编织

• =固定系绳的位置

挑8针　套收针

毛线球的制作方法

① 乳白色 孔雀蓝 红色 柠檬黄 } 4种颜色 各1根 绕10圈

② 在中心绕线打结，修剪成直径2cm的球体

用红色的线穿过余下的21针，穿2圈后系紧

主体 2号针的平针编织的提花花样 3.9cm(14圈)

起针11.6cm(42针) 0.8cm(3圈)

帽沿 1号针 单罗纹编织 孔雀蓝 (13针) 2.2cm(8针)挑针 (13针) 1.9cm(7行)

1.1cm(4针)套收针

护耳 2号针(平针编织)孔雀蓝

缝上毛线球 2cm 4.7cm 1圈

绣在单罗纹编织的上针处

锁边绣(蘑菇色) 2cm

②三股线编绳 2.5cm

③用10cm长的同色线绕2、3圈后打结 ※将线头穿过打结处，和系绳的线头一起剪齐 1cm

①穿过护耳的•记号处，对折

10cm长 3股线(孔雀蓝)

W 设得兰蕾丝披肩 图片✳p.22

毛线

芭贝 New3PLY

本白色（302）8g

针

棒针 0号 4根

成品尺寸

参考图解

编织密度

起伏针编织 32.5针×62行（10cm×10cm）

花样编织 31针×46行（10cm×10cm）

编织要点✳使用1股线编织

1 用手指挂线起3针，织中间的主体部分。第1行至第39行：每行开头织1针镂空针，一边加针一边织起伏针。第40行至第77行：每行开头织1针镂空针、左上3针并1针，一边减针一边织起伏针。

2 边缘的花样编织第1圈：在主体的第1行至第77行上，一边在镂空针上挑针，一边织a~d边，织到余2针为止。从余下的这2针开始织边缘编织的第2圈（参考图解）。按照图解织14圈，织好后在反面套收针。

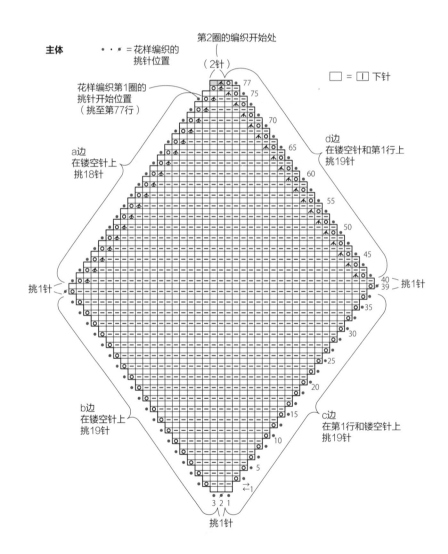

主体

••■ =花样编织的挑针位置

第2圈的编织开始处

（2针）

花样编织第1圈的挑针开始位置（挑至第77行）

□ = ［I］下针

a边
在镂空针上挑18针

d边
在镂空针和第1行上挑19针

挑1针

挑1针

b边
在镂空针上挑19针

c边
在第1行和镂空针上挑19针

挑1针

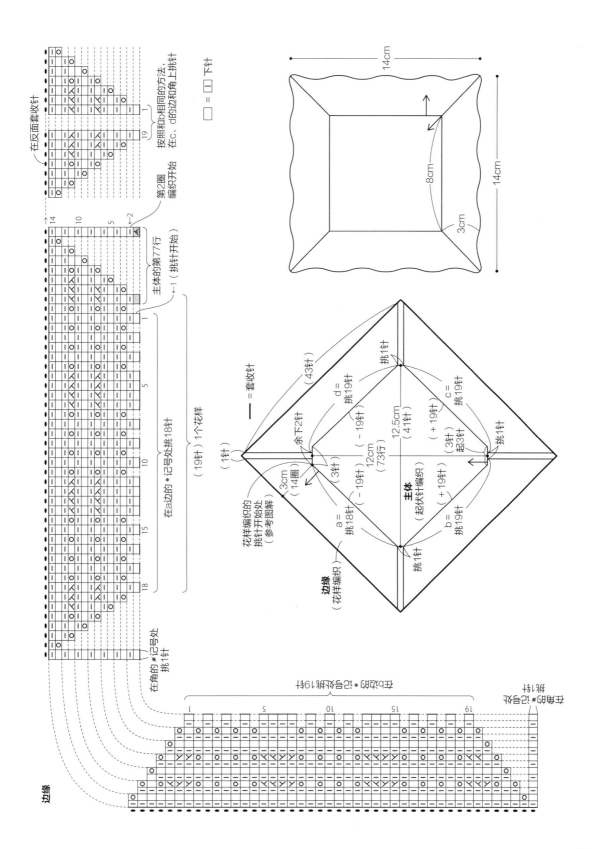

编织符号和基础针法

手指挂线起针

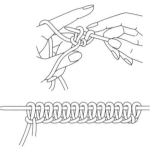

毛线挂在食指上
毛线挂在大拇指上
编织宽度的约3倍长

下针 □	上针 □	镂空针 ○	扭针 ⅄	扭加针 ⅄

挂线

右上2针并1针 ⤬　　　　　**左上2针并1针** ⤬　　　**滑针** Ⅴ

※ 人 为左上3针并1针

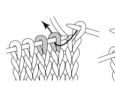

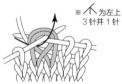

左针上的1针不织，直接移到右针上

将刚才移到右针上的线圈套在刚织好的下针上

2针一起织

将左针上的线圈直接移到右针上，不织

套收针 ⬤　　　　　　　　　**右上2针和1针（上针）的交叉** ⤬⤬

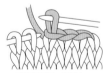
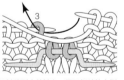

织2针下针，将第1针套在第2针上

再织下1针，将前1针套在刚织的针上

将2针移到麻花针上，置于织片的内侧，然后织1针上针

麻花针上的2针织下针

左上2针和1针（上针）的交叉 ⤬⤬　　**左上2针交叉** ⤬⤬

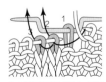

将1针移动到麻花针上，置于织片的外侧，然后织2针下针

麻花针上的1针织上针

将2针移动到麻花针上，置于织片的外侧，然后织2针下针

麻花针上的2针织下针

平针的接缝

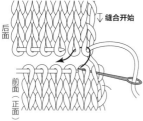

后面

前面（正面）

缝合开始

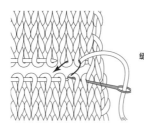

缝合结束

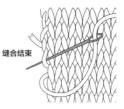

针脚与整行之间的钉缝

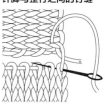

引拔钉缝

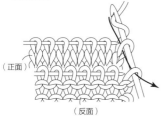

（正面）

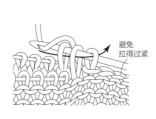

（反面）

避免拉得过紧

挑针钉缝

交叉挑起内侧1针缝合

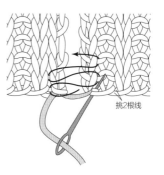

挑2根线

纵向渡线配色编织

第1行

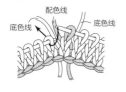

配色线

底色线　底色线

第2行（反面）

换色的时候将毛线交叉一下

第3行（正面）

对着织片正面编织时，也在反面将毛线交叉

单罗纹收针（环形编织）

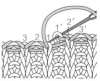

钩针编织

钩针编织

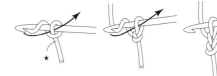

锁1针

短针

65

作品设计 制作

冈本真希子
笠间绫
风工房
河合真弓
菅野直美
小林由加
齐藤理子
杉山友

材料协助

＊毛线

DAIDOH FORWARD 株式会社
芭贝事业部（芭贝）
东京都千代田区外神田 3-1-16
Daidoh 有限公司大厦 3 楼

滨中株式会社
京都府京都市右京区花园薮之下町 2 番地之 3

横田株式会社
大阪府大阪市中央区南久宝寺町 2 丁目 5 番 14 号

＊工具

郁金香株式会社
广岛县广岛市西区楠木町 4-19-8

摄影协助

＊Doll

ruruko（p.6）
PetWORKs 株式会社
东京都世田谷区太子堂 2 丁目 12-3 冈部大厦 B 栋

Betsy（p.17）
AZONE INTERNATIONAL 株式会社
神奈川县藤泽市石川 4-1-7

＊娃娃服装（p.6、p.17）
salon de monbon

＊小物

UTUWA
AWABEES

原文书名：世界の伝統柄を編むミニチュアニットコレクション
原作者名：日本文芸社
Copyright © NIHONBUNGEISHA Co.,Ltd., 2019
All rights reserved.
Original Japanese edition published by NIHONBUNGEISHA Co.,Ltd.
Simplified Chinese translation copyright © 2020 by China Textile &
Apparel Press
This Simplified Chinese edition published by arrangement with
NIHONBUNGEISHA Co.,Ltd., Tokyo, through HonnoKizuna, Inc.,
Tokyo, and Shinwon Agency Co. Beijing
Representative Office, Beijing

本书中文简体版经日本文艺社授权，由中国纺织出版社有限公司独家出版发行。
本书内容未经出版者书面许可，不得以任何方式或任何手段复制、转载或刊登。

著作权合同登记号：图字：01-2020-5405

图书在版编目（CIP）数据

掌心编织：世界传统花样的娃娃衣饰 / 日本文艺社编著；半山上的主妇译. -- 北京：中国纺织出版社有限公司，2021.1 （2024.12 重印）
ISBN 978-7-5180-7780-9

Ⅰ. ①掌… Ⅱ. ①日… ②半… Ⅲ. ①毛衣针－绒线－编织－图解 Ⅳ. ① TS935.522-64

中国版本图书馆 CIP 数据核字（2020）第 156568 号

责任编辑：刘茸　　特约编辑：关制
责任校对：王花妮　　责任印制：储志伟

中国纺织出版社有限公司出版发行
地址：北京市朝阳区百子湾东里 A407 号楼　邮政编码：100124
销售电话：010—67004422　传真：010—87155801
http://www.c-textilep.com
中国纺织出版社天猫旗舰店
官方微博 http://weibo.com/2119887771
北京华联印刷有限公司印刷　各地新华书店经销
2021 年 1 月第 1 版　2024 年 12 月第 7 次印刷
开本：787×1092　1/16　印张：4
字数：74 千字　定价：49.80 元

凡购本书，如有缺页、倒页、脱页，由本社图书营销中心调换